Annette Dragun

Kräuter statt Tierarzt

MINERVA VERLAG
MÖNCHENGLADBACH

IMPRESSUM

Der Verlag weist ausdrücklich darauf hin, dass im Text gegebenenfalls enthaltene externe Links vom Verlag nur bis zum Zeitpunkt der Buchveröffentlichung angesehen werden konnten. Auf spätere Veränderungen hat der Verlag keinerlei Einfluss. Eine Haftung ist daher von Verlagsseite ausgeschlossen.

Die in diesem Buch veröffentlichten Inhalte haben maximal informativen Charakter. Keinesfalls reichen sie aus, um Krankheiten zu diagnostizieren oder zu heilen. Die Informationen ersetzen NICHT den Gang zum Tierheilpraktiker oder Tierarzt. Es werden an keiner Stelle Heilversprechen abgegeben. Bei vielen den hier genannten Therapien handelt es sich um Verfahren der alternativen Medizin, die naturwissenschaftlich-schulmedizinisch weder nachgewiesen noch anerkannt sind.

Haftungsausschluss: Die Benutzung dieses Buchs und die Umsetzung der darin enthaltenen Informationen erfolgt ausdrücklich auf eigenes Risiko. Der Verlag und die Autorin können für etwaige Schäden jeder Art, die sich bei der Umsetzung von im Buch beschriebenen Vorgehensweisen ergeben, aus keinem Rechtsgrund eine Haftung übernehmen. Rechts- und Schadensersatzansprüche sind ausgeschlossen. Das Werk inklusive aller Inhalte wurde unter größter Sorgfalt erarbeitet. Dennoch können Druckfehler und Falschinformationen nicht vollständig ausgeschlossen werden. Der Verlag und die Autorin übernehmen keine Haftung für die Aktualität, Richtigkeit und Vollständigkeit der Buchinhalte, ebenso nicht für Druckfehler. Es kann keine juristische Verantwortung sowie Haftung in irgendeiner Form für fehlerhafte Angaben und daraus entstandene Folgen übernommen werden.

Bibliografische Information der Deutschen Nationalbibliothek
Die Deutsche Nationalbibliothek verzeichnet diese Publikation in der Deutschen Nationalbibliografie; detaillierte bibliografische Daten sind im Internet über http://dnb.dnb.de abrufbar.

Monschauer Str. 2 | D- 41068 Mönchengladbach
E-Mail: info@minervaverlag.de | Internet: www.minervaverlag.de, www.minervastore.de

Design und Layout: Annika de la Motte
Umschlaggestaltung: Minerva kreativ, unter Verwendung eines Fotos von Nataba/Adobe Stock

ISBN 978-3-9815634-6-7
1. Auflage 2022

www.kraeuter-statt-tierarzt.de
www.minervaverlag,.de

Annette Dragun

Kräuter statt Tierarzt

Empfohlen von den Magazinen
HundeWelt
Cats

Das große Buch zur nachhaltigen Gesundheit mit vielen Tipps zum Selbermachen.

INHALT

122

146

208

VORWORT

Als ich noch recht frisch praktizierte, hatte meine kleine Hündin Durchfallattacken. Sehr unschön, das wissen wir Hunde- und Katzenhalter alle. Naddelchen ging es immer mal einige Tage gut – und dann begann wieder die Phase, in der wir nachts drei- bis fünfmal raus mussten, weil sie dringend eine kleine Menge schleimig-stinkenden Kot absetzen musste. Die Diagnostik ergab nichts, verschiedenste Therapieansätze aus Schul- und Komplementärmedizin blieben erfolglos. Damals wurden noch keine Darmfloraanalysen gemacht, die sicherlich zu einem Befund geführt hätten. So blieb mir nur, im Trüben zu fischen, sprich: verschiedene Futter, Kräuter und Nahrungsergänzungen auszuprobieren und zu hoffen. Und das führte zum Erfolg. Eine neue Futtersorte ließ uns plötzlich durchschlafen. Ich verglich die Inhaltsstoffe mit den bisher getesteten Lebensmitteln und fand als prägnanten Unterschied den Zusatz von Topinambur. Dieses enthält viel Inulin, und das wiederum ist ein effektives Präbiotikum, eine schnell und sanft wirksame Darmpflege. Für den Rest ihres Lebens bekam Naddel in jede Mahlzeit eine Prise Topinambur-Pulver oder einfach pures Inulin, und sie hatte bis zum Lebensende nie wieder Probleme mit der Verdauung.

Ein Wunder?

Für mich war es das. Denn ich hatte leider keine „Kräuterhexe" als Großmutter. In meiner Kindheit wusste niemand, bei welchem Zipperlein welche Pflanze wertvolle Dienste leistet. Wir glaubten an die Schulmedizin.
Doch irgendwann fühlte ich: Es gibt andere Wege, Ergänzungen und Alternativen. Mit Feuereifer stürzte ich mich in meine Tierheilpraktiker-Ausbildung. Mir erschloss sich eine ganz neue Welt. Die Faszination begleitet mich seitdem und wächst weiter. Ich besuchte Seminare über Heilkräuter, Vitalpilze und einheimische Superfoods – und meine vierbeinigen Patienten profitieren davon. Mittlerweile habe ich über 20 Jahre Berufserfahrung und in dieser Zeit unzählige Wunder wie die Heilung meines Naddelchens erlebt.

Gegen jedes Leiden ist ein Kraut gewachsen, sagte schon Hildegard von Bingen. Aber welche Pflanze ist die Richtige? In diesem Buch fasse ich Erfahrungen zusammen aus Tausenden von Jahren Phytotherapie, zeige Behandlungsansätze für die häufigsten Gesundheitsstörungen, und biete Ihnen einfach anzuwendende Rezepte für den Hausgebrauch mit klaren Anweisungen und einem schnellen Nachschlagewerk. Selbstverständlich sollten Sie bei ernsten Verläufen bitte immer zum Tierarzt oder Tierheilpraktiker gehen. Wenn Sie aber bei den ersten, leichten Anfängen mit Kräutern eingreifen, wird aus einem kleinen Problem oft kein großes. Kräutermedizin war und ist auch immer eine Volksmedizin.

Ihnen und Ihren vierbeinigen Weggefährten wünsche ich von Herzen Gesundheit und alles Liebe,

Ihre
Annette Dragun

Heilpflanzen
für Hunde und Katzen

Wer heilt, hat Recht!

EINLEITUNG

Gegen fast jede Krankheit ist ein Kraut gewachsen, weiß die erfahrene Naturheilkundlerin **Annette Dragun**. In ihrer Praxis in Nordfriesland behandelt sie seit über zwei Jahrzehnten mit Erfolg Pferde, Hunde und Katzen.

Heute blickt sie auf einen reichen Erfahrungsschatz zurück. „Jeder, der sich etwas Mühe gibt, kann lernen, sein Tier selbst zu behandeln", ist sie überzeugt. „Wir sollten mehr auf die Kraft der Natur vertrauen." Mit der Meinung ist sie nicht alleine. Die nachhaltige Medizin hat den Garten als Ort der Heilung wiederentdeckt.
Die „grüne" Apotheke lässt Beschwerden häufig ohne Nebenwirkungen ausheilen. Ganzheitlich. Und dann? Kehrt der Patient durch den Prozess der Krankheit stärker zurück als er es vormals war.

„Nur Mut! Wir alle können unsere Tiere selbst behandeln, wenn wir wissen, worauf wir achten müssen und was wir zu tun haben. Der Halter ist oft erfolgreicher als der Tierarzt, weil er sein Tier besser kennt."
Annette Dragun

Was Ihnen dieses Buch gibt:

- Sie werden die besten Arzneipflanzen und Heilpilze kennenlernen und haben immer ein wichtiges Nachschlagewerk zur Hand.
- Sie erstellen eine Kräuterapotheke für den Hausgebrauch, mit der Sie Ihr Tier sanft und nachhaltig behandeln können.
- Bei leichten Gesundheitsstörungen helfen Sie Ihrem Haustier schnell mit den sanften Mitteln aus der Natur.
- Sie kochen Heiltees und Tinkturen und mischen Heilsalben.
- Immer an Ihrer Seite: Annette Dragun, die ihr gesamtes Wissen über Heilmittel und ihre bewährten Rezepte mit Ihnen teilt.
- Zusätzlich: Wussten Sie, dass japanische Ärzte 90% ihrer Krebspatienten zusätzlich mit Vitalpilzen behandeln? Erfahren Sie, wie Tiere von Heilpilzen profitieren. Annette Dragun setzt die Pilze selbst seit Jahren erfolgreich ein und zeigt Ihnen, wie es geht.

Wie Kräuter Leben retten

Wir befinden uns im Jahr 1847. In einem südpfälzischen Dorf sorgt sich Bäuerin Hanna um ihre Nellie. Die kräftige schwarzbraune Hündin ist auf dem Hof unentbehrlich. Sie zieht den Bollerwagen mit Milchkannen und Gemüse zum Dorfplatz, beschützt den Hof und die Familie und treibt das Vieh. Vorsichtig streichelt Hanna den heißen Kopf der Rottweilerhündin, die in sich gekehrt in ihrer Wurfkiste liegt. Nach der Frühjahrsläufigkeit war sie „leer" geblieben. Umso größer die Freude aller, dass Nellie jetzt mit sieben gesunden Welpen niederkam. Nellie ist mutig und tapfer, lässt sich normalerweise nicht anmerken, wenn es ihr schlecht geht. Heute jedoch wirkt die Mutterhündin abgeschlagen. Mehrmals verlässt sie das Körbchen und presst unter einem schattenspendenden Baum ihren Bauch auf die kühle Erde. Alarmiert beobachtet Hanna, wie sie ihren Nachwuchs abwehrt, der hungrig die Milch sucht. Sie schaut nach und findet ungleichmäßige Schwellungen am Gesäuge. Die dicksten Zitzen sind heiß und gerötet. Nellie hat eine Milchdrüsenentzündung.

Hanna wird Nellie mit all ihrer Heilkunst helfen. Dabei vertraut sie auf den Ratschlag ihrer Großmutter und der Frauen aus dem Dorf. Heilen wird sie mit dem, was die Natur ihr schenkt. Andere Mittel

Kapitel 1

standen ihr damals nicht zur Verfügung. Die Menschen waren es gewohnt, sich, ihre Kinder und ihre Nutztiere mit der Medizin aus Garten, Wald und Wiesen zu behandeln. Ihr gesammeltes Wissen wanderte mündlich weiter, oft von der Mutter auf die Tochter und die Enkeltochter. Ein wahrer Reichtum an Heilwissen. Hier liegt ein Schatz verborgen, den wir heben werden.

Wir wandern auf dem Weg der Heilung!

Wie kaum ein anderer Wissenschaftszweig hat die Tiermedizin in den vergangenen Jahrzehnten eine rasante Entwicklung erlebt.

Sie hat die Gesundheit, Lebenserwartung und Lebensqualität der Vierbeiner entscheidend beeinflusst. Unser gesammeltes menschliches Wissen über die Heilkraft der Natur ist Jahrtausende alt. Aus Ägypten um 1500 v. Chr. stammt das „Papyrus Ebers". Wir finden dort Beschreibungen von 700 pflanzlichen Arzneien. Noch frühere Aufzeichnungen sind aus China bekannt. Es sind nichts anderes als kostbare Erfah-

rungsberichte. Diese verraten uns, welche Krankheiten es damals gab und welche Pflanzen sie heilten.

Gegen jede Krankheit ist ein Kraut gewachsen

Im 1. Jahrhundert n. Chr. entstand die erste systematische Arzneimittellehre. Der griechische Arzt Pedanios Dioskurides beschrieb in der „De materia medica" das Aussehen und die medizinische Wirkung von rund 600 Arzneipflanzen. Das Buch war anderthalb Jahrtausende lang ein Standardwerk der Heilkundigen. Und wissen Sie, was das wirklich Faszinierende ist? Vieles hat bis heute Gültigkeit. Natur bleibt eben Natur und Körper bleibt Körper. Das, was vor tausenden Jahren heilte, wirkt auch in der Gegenwart. Sie werden später erfahren, dass die Wirkungen der Pflanzen heute besser erforscht sind, und ihre Anwendungen wissenschaftlich begründet werden können. Aber sie wurden und werden seit Jahrtausenden auf dieselbe

Weise genutzt. Und das heißt? Das, was wir jetzt lernen, hat Bestand. Und zwar wahrscheinlich über die nächsten Generationen hinweg. Das Einzige, was sich ändert, sind die Kombinationen und Rezepturen. Die Kunst, ein Tier individuell zu heilen, besteht auch darin, verschiedene Kräuter für seine Konstitution gekonnt zu kombinieren. Der Erste, der dies tat, war Galenos. Der Leibarzt des Kaisers Marc Aurel schrieb im 2. Jahrhundert genaue Rezepte nieder. Mediziner und Apotheker ehren ihn, indem sie rein pflanzliche Tinkturen, Salben und Extrakte bis heute „Galenica" nennen.

Jedes Zeitalter hatte seinen Pflanzenheilkundigen, der gesammeltes Arznei-Wissen niederschrieb. Hippokrates hielt 200 Heilpflanzen in seinem „Corpus Hippocraticum" fest. In Deutschland gilt Hildegard von Bingen als bedeutende Pflanzenkundige. Eine der ersten Sammlungen für die Veterinärmedizin ist das Rossarzneibuch des Meisters Albrant aus dem 13. Jahrhundert. Und als Nächstes werden Sie Ihr Heilwissen erlangen, weiterentwickeln und vielleicht an Ihre Nachkommen weitergeben. Ich würde es mir wünschen.

Der Kräutergarten

Warum wir alle einen Kräutergarten brauchen

Schon früh verschrieben sich Nonnen und Mönche der Arzneimittellehre. Sie sammelten Wildkräuter und legten ausgedehnte Klostergärten an. Über internationale Grenzen hinweg tauschten sie Erfahrungen - und Saaten. Bald wuchsen viele Heil- und Gewürzpflanzen aus dem Mittelmeerraum in Nordeuropa, zum Beispiel Salbei, Thymian oder Rosmarin. Abgelöst wurden die Klosteranlagen von Apothekergärten, in denen bis Ende des 19. Jahrhunderts der Nachschub für die Pharmazeuten gezogen wurde.

Zum Ende des Mittelalters taten sich immer mehr Kräuterweiber und Hebammen hervor, die in der Volksmedizin bewandert waren. Erwünscht war dies nicht: Heilwissen bedeutete große Macht. Auch deshalb endeten viele Kräuterkundige als Hexen auf dem Scheiterhaufen – und mit ihnen ging ihr über Generationen gewachsenes Wissen in Asche auf. Aber Wissen ist wie Wasser – einmal im Fluss, sucht es sich seinen Weg. Es strömt und lässt sich nicht aufhalten. In diesem Fall waren es die Bauern, die Heil- und Hausmittel für ihr Vieh entwickelten und austauschten. Bauern, Hirten, Hufschmiede und Stallmeister waren die „Tierärzte" dieser Zeit. Oder die Land-

frau, die mit ihren Garten- und Wildkräutern die ganze Familie behandelte – und ihre Vierbeiner.
So auch Hanna. Natürlich kennt sich die Bäuerin mit der Mastitis aus, die auch bei Schweinen und Kühen immer mal wieder vorkommt. Sie weiß, wie sie ihrer Hündin helfen kann. Flugs eilt sie in den Garten und erntet einen Weißkohlkopf. Die äußeren Blätter schneidet sie ab und legt davon eines sanft auf die geröteten Stellen. Den Rest des Kohls wird sie zum Mittagessen für ihre Familie kochen. Alle paar Stunden bietet sie Nellie einen Haferbrei mit warmer Kuhmilch, Honig und Salbeitee an und wechselt das Kohlblatt. Sie achtet darauf, dass die Welpen sich an den gesunden Zitzen satttrinken, und streicht mit sauberen Händen die „böse" Milch aus den entzündeten Milchkomplexen. Einmal täglich nimmt sie sich die Zeit, Tonerde mit Kamillenaufguss anzurühren und schmiert diese heilende Mischung auf das Gesäuge. Die Hundebabys? Schlummern währenddessen in einer weich gepolsterten Extra-Box, damit sie nicht aus Versehen von der Heilerde naschen. Die Mühe lohnt. Wenige Tage später ist Nellie wieder ganz die Alte. Sie kümmert sich um ihre Babys und erfüllt voller Elan ihre Pflichten als Hofhund. Ohne Hannas Eingreifen wäre Nellie gestorben. Und so machen Kräuter uns gesund, stark, widerstandsfähig und können sogar Leben retten.

Was wir in diesem Kapitel gelernt haben:

1. Das gesamte Wissen über Arzneipflanzen beruht auf mehreren tausend Jahren Erfahrung.
2. Dieses Urwissen über Pflanzen und ihre Wirkung hat sich kaum verändert und gilt bis heute.
3. Deswegen sind diese Kenntnisse zukunftssicher und nachhaltig.
4. Wer das Wissen erlangt, lernt nicht umsonst. Er ist in der Lage, eigene Rezepturen zu entwickeln und erschafft sich einen Schatz für die Zukunft und nachfolgende Generationen.

KAPITEL 2

Tiere behandeln sich oft selbst, wenn wir sie lassen. Was wir von ihnen lernen können.

Woher wusste Hanna, die Bäuerin aus dem letzten Kapitel, was sie zu tun hatte? Sie griff auf das Wissen zurück, das sie von ihrer Mutter überliefert erhalten hatte. Wie diese von ihrer Mutter zuvor. Ein Buch, eine schriftliche Anleitung oder ein Kräuterlexikon brauchte sie nicht. Wer zu lesen vermochte, fand in einzelnen Jagdbüchern Ratschläge zur Behandlung von Verletzungen von Hunden. Mittlerweile hatten erste Ausbildungsstätten für die Ausbildung von Tierheilern eröffnet: Das Vieharzney-Institut in Göttingen und die Roßarzney-Schule in Hannover.

Heilung interessierte den Menschen schon immer. Ehrgeizig sammelte er Wissen und gab es gezielt weiter. In der Neuzeit wurden mehr und mehr Ärzte an Universitäten ausgebildet. Sie standen lange in Konkurrenz zu den Apothekern. Diese beschimpften ihrerseits erbittert die Quacksalber, Kurpfuscher und Scharlatane, von denen sich das Volk behandeln ließ. Es ging um viel Einfluss und die Macht, zwischen Leben und Tod zu unterscheiden. Erst seit Beginn des 20. Jahrhunderts arbeiten Mediziner und Pharmazeuten zusammen. Zuvor hatte in nur wenigen Jahrzehnten die boomende chemische Wissenschaft die Kräutermedizin zunehmend verdrängt. Jahrhunderte- und jahrtausendealte Erfahrungen mit Arzneipflanzen wurden bagatellisiert, chemisch-synthetisch produzierte Präparate hochgelobt. Die Natur wird nun herablassend belächelt. Kräuter bekamen ein Imageproblem.

Was die Pharmaindustrie den Menschen nicht erzählt

Tatsächlich sind viele geläufige Medikamente aus pflanzlichen Inhaltsstoffen hergestellt oder diesen kostengünstig im Labor nachgebaut. Jeder kennt das Schmerzmittel Aspirin, genauer gesagt seinen Wirkstoff Acetylsalicylsäure (ASS). Aber nur wenige wissen, dass es die künstlich erzeugte

Variante von Salicin ist. Natürliches Salicin gewinnt man aus der Weidenrinde und ich verwende es in seiner Naturform heute noch, wie Sie später in diesem Buch erfahren werden. Digoxin und Digitoxin, Inhalte aus dem Roten Fingerhut, sind moderne Bestandteile von Herzmedikamenten. Atropin aus der Tollkirsche ist unentbehrlich in der Augenheilkunde. Und das aus dem Schlafmohn gewonnene Morphin gehört nach wie vor zu den stärksten Schmerzmitteln der Welt. Die Liste der Beispiele ließe sich beliebig fortsetzen. Und die Forschung der Wirkungen von natürlichen Stoffen ist aktuell in der Pharmaindustrie wichtiger denn je.

Wenn Chemie an Grenzen stößt, die die Natur nicht kennt

Man kennt inzwischen die Grenzen des Fortschritts. Die künstlich hergestellten Kopien der natürlichen Substanzen sind zwar effektiv, häufig deswegen, weil sie in höherer Konzentration Anwendung finden. In vielen Fällen aber bietet die Behandlung mit Kräutern

Vorteile. Warum? Immer wieder stellt man fest, dass die isolierten Wirkstoffe ein geringeres Wirkspektrum haben als die Vielstoff-Gemische aus Pflanzen. Für ihren Heileffekt ist niemals ein einzelner Inhaltsstoff verantwortlich, wohl aber das Zusammenspiel mehrerer Komponenten. Lassen Sie mich dazu ein Beispiel erzählen: Mehr und mehr Bakterienarten bilden Resistenzen gegen Antibiotika aus dem Labor. Im Gegensatz dazu bekämpfen pflanzliche Stoffe als natürliches Breitspektrum-Antibiotikum gleich eine Vielzahl von bakteriellen Krankheitserregern, und das ohne Gefahr von Resistenzbildung. Auch deswegen erfährt die Kräutermedizin ein Revival. Seit einigen Jahrzehnten beobachten wir in unserer aufgeklärten westlichen Welt eine Rückbesinnung auf die wertvollen Arzneipflanzen.
Heute ist die Pflanzenheilkunde eine feste Größe zur Gesund-erhaltung und Heilung unzähliger Leiden von Menschen und Tieren. Phytopharmaka sind modern und beliebt, denn sie repräsentieren die Nähe zur Natur und zu einer bewussten und gesunden Lebensführung.
Diese Entwicklung findet bisher erst allmählich Beachtung an der Universitäten, wo angehende Ärzte und Veterinärmediziner ihre Heilkunst lernen. Noch spielt die Phytotherapie in der Ausbildung der Tierärzte so gut wie keine Rolle. Eine wachsende Zahl der Veterinäre aber nutzt Fortbildungen in biologischer Tiermedizin. Sie wissen, dass viele ihrer Klienten, und zwar nicht nur die Halter von Heim- und Haustieren, auch die Halter von Großvieh, auf die „sanfte Medizin" mehr vertrauen, als auf die Chemie.

Du bist, was du frisst – Gesundheit gibt es nicht umsonst

Menschen haben schon immer beobachtet, wie Tiere sich selbst heilten. Um Darmparasiten loszuwerden, fressen Schimpansen behaarte Blätter von bestimmten Sträuchern. Affen oder Bären reiben Zitronenöl oder intensiv riechendes Harz in ihr Fell, um Milben oder Zecken abzuschrecken. Im Kot von Füchsen oder Wölfen finden sich häufig unverdaute Grashalme. Damit helfen sich die Tiere bei Darmproblemen oder Parasitenbefall.
Was zeigt uns das? Die Kräuterheilkunde ist kein Monopol des Menschen. Die Forschung zur Zoopharmakognosie, zur Selbstmedikation der Tiere, bringt ständig neue Erkenntnisse. Offenbar werden auch im Tierreich Strategien zur Gesunderhaltung und Heilung über die Generationen weitergegeben. Das zu wissen, ist für uns kostbar.
Auch unsere Hunde beobachten wir dabei, wie sie Gras fressen. Meist sind es einzelne Halme, sorgfältig ausgesucht, die bei Verdauungsproblemen Linderung schaffen. Im Frühjahr darf es ein bisschen mehr sein, da kann der Vierbeiner schonmal richtig „grasen"– junges Grün ist lecker! Katzen ohne Freilauf stürzen sich gierig auf das Töpfchen mit frischem Katzengras. Und immer wieder suchen sich unsere Tiere gezielt Heil- oder Gewürzkräuter.
Wir stillen das Bedürfnis unserer Haustiere nach Grünzeug, indem wir ihr Futter damit aufpeppen. Im Alltag und nicht nur im Krankheitsfall. Pflanzen gehören zur natürlichen Fütterung. Gemüse, Salate und Kräuter sind wichtig für ihre Gesundheit, sie enthalten Vitamine, Mineralien und Nährstoffe sowie wichtige Ballaststoffe.

AdobeSTock:marcin jucha

Kräuter statt Tierarzt? Ein offenes Wort!

Für viele Tierhalter ist es heute selbstverständlich, kleine Befindlichkeitsstörungen ihrer vierbeinigen Lieblinge selbst zu therapieren. „Ich gehe ja auch nicht mit jedem kleinen Schnupfen zum Arzt", sagt der eine. „Für meine Kinder nutze ich immer natürliche Heilmittel – warum sollte ich für meinen Hund nicht ebenso verfahren?", argumentiert die andere.
Es gibt aber einen großen Unterschied: Das Tier kann nicht sprechen. Häufig entscheiden subtile Symptome zwischen Lappalie und gefährlicher Erkrankung. Deswegen weise ich – wie jeder Autor eines Gesundheitsratgebers für Hunde und Katzen – wiederholt darauf hin, dass im Zweifel ein Tierarztbesuch die bessere Wahl ist. „Dann bekommt meine Samtpfote doch wieder nur Antibiotika oder Kortison",

lautet eine gängige Befürchtung. Ich streite nicht ab, dass diese Medikamentengruppen zu häufig zum Einsatz kommen. Das aber muss niemand kritiklos hinnehmen. Wir können bei der Behandlung unseres Vierbeiners mitreden.
Immer mehr moderne Tierärzte sind alternativen Heilmethoden gegenüber aufgeschlossen. Ich rate daher, dort eine Diagnose stellen zu lassen und sich dann mit ihm über die Therapie zu beraten. Die meisten Veterinäre sind einverstanden, wenn der Tierhalter zunächst den natürlichen Weg gehen will. Bessert sich der Zustand des Tieres nicht binnen akzeptabler Zeit und es kommt zu Komplikationen, kann man ruhigen Gewissens auf die „Hämmer" aus der Schulmedizin zurückgreifen. Denn die modernen Medikamente, ob Antibiotika oder Entzündungshemmer, sind nicht schlecht. Sie retten täglich Leben. Es geht darum, sie nicht weiterhin kritiklos und inflationär wie bisher einzusetzen. Weil es einfach ist, der Arzt es auf der Uni so gelernt hat, oder aus welchen Gründen auch immer.
Die Natur gibt uns unendliche Möglichkeiten zu heilen. Schätzungen zufolge werden weltweit in der Heilkunde zwischen 50.000 und 70.000 Pflanzenarten genutzt. Keine Sorge, wir brauchen uns nicht mit so vielen Pflanzen zu beschäftigen. In diesem Buch konzentrieren wir uns darauf, mit den wichtigsten Kräutern die häufigsten Gesundheitsstörungen unserer Katzen und Hunde zu kurieren. Schon das verleiht jedem einzelnen Tierbesitzer ein hohes Maß an Heilwissen.

Übrigens...

Wenn wir im Zusammenhang mit der Kräuterheilkunde über Drogen sprechen, sind nicht die stimmungsverändernden Substanzen gemeint. Als Droge bezeichnet man laut Wörterbuch einen „pflanzlichen, tierischen oder mineralischen Rohstoff für Heilmittel, Stimulanzien oder Gewürze".

Was wir in diesem Kapitel erfahren haben:

1. Die moderne Pharmaindustrie baut für viele Arzneimittel Inhaltsstoffe von Pflanzen chemisch nach.
2. Kräuter bilden also die Basis für viele Medikamente.
3. In Tabletten isolierte Wirkstoffe sind wirkungsvoll. Aber in Kräutern wirkt ein ganzheitlicher Wirkstoffcocktail.
4. Die in ihnen wohnenden Wirkungen ergänzen einander auf eine Weise, die bislang noch nicht vollständig erforscht ist.
5. Tiere nutzen Kräuter instinktiv, um ihre Gesundheit zu stärken. Es gibt sogar eine Wissenschaft, die sich speziell mit dieser Erforschung beschäftigt.

EXKURS

Was ist was?

Basiswissen über die Wirkstoffe von Heilpflanzen

Während synthetische Medikamente meistens nur einen bis zwei Wirkstoffe enthalten, bestehen Pflanzen aus einem Cocktail unterschiedlicher Substanzen, die sich gegenseitig verstärken (synergistisch arbeiten). Neben Vitaminen und Mineralien finden sich hauptsächlich diese Inhaltsstoffe:

Alkaloide

sind sekundäre Pflanzenstoffe mit einer starken pharmakologischen Wirkung vor allem auf das zentrale Nervensystem.

Ätherische Öle

sind stark aromatische Öle. Sie werden durch Dampfdestillation aus den Pflanzen gewonnen, in denen sie unterschiedlich konzentriert vorhanden sind. Sie können viel, sind entzündungshemmend, auswurffördernd, harntreibend, krampflösend und verdauungsunterstützend. Zudem helfen sie bei der Bekämpfung von Krankheitserregern. Enthalten sind sie in Pfefferminze, Thymian, Salbei, Anis, Fenchel, Kamille und vielen weiteren Drogen.

Bitterstoffe

regen die Produktion von Verdauungssäften an, also Speichel, Magensäure oder Galle. Dadurch verbessern sie den Appetit und die Verdauung. Einen hohen Gehalt an Bitterstoffen findet man zum Beispiel in Wermut oder Beifuß.

Flavonoide

sind sekundäre Pflanzenstoffe, die in vielfältigen Variationen vorkommen, am meisten in Blütenfarbstoffen. Sie optimieren die Gesamtwirkung aller in einer Heilpflanze wirksamen Stoffe, haben aber häufig auch nutzbare Einzelwirkungen. So gibt es harntreibende, krampflösende, antioxidative, entzündungshemmende, antiallergische, antikanzerogene oder sogar hormonelle Flavonoide. Jede Pflanze enthält Flavonoide.

Gerbstoffe

können auf Haut und Schleimhaut Eiweiße binden und wirken adstringierend, also zusammenziehend, und austrocknend. Damit entziehen sie Bakterien die Lebensgrundlage. Sie werden für die äußere Wundheilung und bei Entzündungen im Magen-Darm-Trakt eingesetzt. Viele Gerbstoffe sind zum Beispiel in Eichenrinde, Walnussblättern oder schwarzem Tee enthalten.

Saponine

bilden unter Wassereinwirkung einen Schaum, ähnlich wie Seife. Damit können sie Oberflächenspannungen vermindern und die Aufnahmefähigkeit von anderen Wirkstoffen verbessern. Sie wirken schleimlösend, manche auch harntreibend, pilztötend oder immunstimulierend. Den Saponin-Gehalt nutzen wir beispielsweise beim Gebrauch von Fenchel, Gänseblümchen oder Goldrute.

Schleimstoffe

finden wir unter anderem in Eibisch, Malve oder Leinsamen. Die wasserlöslichen Stoffe sind wertvoll, um Schleimhäute zu schützen und zu beruhigen. Wasserunlösliche Schleimstoffe vergrößern das Kotvolumen und regen die Darmaktivität an.

Sammeln, anbauen, kaufen, lagern

PRAXISWISSEN

Lokales Grün ist besser als Superfoods

Immer wieder werden neue „Superfoods" angepriesen. Meist sind das irgendwelche exotischen Früchte oder Kräuter aus fernen Ländern. Wir brauchen aber nur selten gehypte Pflanzen aus dem Regenwald, um Beschwerden zu lindern. Viele unserer einheimischen Garten- und Wildkräuter haben großartiges Heilpotential - man muss es nur kennen. Wenn möglich, greifen wir deswegen zum lokalen Grün.

Nur wenige Menschen haben Zugang zu einer unberührten Natur, in der man Wildkräuter und andere Pflanzen findet, die garantiert frei von Umweltgiften sind. Dazu kommen Verbote. In Naturschutzgebieten ist das Pflücken von Kräutern komplett untersagt, und einige Heilpflanzen stehen unter Schutz und dürfen daher nirgends geerntet werden. Im Idealfall baut man selbst an. Die Alternative? Finden wir im Fachhandel oder in der Apotheke. Dort sind die Wirkstoffe standardisiert, man weiß bis aufs Milligrämmchen, wie viel drin ist. Für Nahrungsergänzungsmittel aus dem freien Handel ist das nicht unbedingt der Fall. Merke: Auch bei selbst gesammelten Kräutern können die Wirkstoffgehalte variieren. Für die Behandlung von akuten Gesundheitsstörungen ist daher die Apotheke der richtige Einkaufsort.

Frische Kräuter sind am besten

Zubereitungen aus frischen Kräutern sind immer die erste Wahl. Diese enthalten die kompletten Wirkstoffe, die sofort zum Einsatz kommen.

Schnell trocknen

Das Trocknen sollte zügig geschehen, damit es nicht zu Fäulnis oder Schimmelbildung kommt. Es eignet sich ein gut durchlüfteter Dachboden oder ein bedachter Außenplatz. Die Pflanzen werden in lockere Bündel gebunden und kopfüber zum Trocknen aufgehängt. Eine gute Durchtrocknung zeigt sich, wenn sich die Blätter und Blüten leicht zwischen zwei Fingern brechen lassen.

Dunkel lagern

Zur Aufbewahrung eignen sich Schraubgläser, die man nicht luftdicht verschließt. Ideal sind die guten, alten, braunen Apothekengläser, die das Sammelgut vor Licht schützen. Auch Blechdosen sind bewährt. Manche Kräuterfans lagern ihre Schätze in dicht gewebten Leinensäckchen. Diese bieten aber keinen Schutz vor Mottenbefall.

Warum Vitalpilze in die Naturapotheke gehören

Als ich begann, mich mit Pilzen zu beschäftigen, war ich erstaunt, dass es mehrere Millionen verschiedener Pilzarten gibt! Oft mikroskopisch klein - Zwerge mit der Wirkung von Giganten. Es gibt zum Beispiel Aspergillus oder Candida, die uns gesundheitlich zu schaffen machen, oder Schimmelpilze in Gebäuden. Auf der anderen Seite stammt das lebensrettende Penicillin, eines der ältesten bekannten Antibiotika, aus Pilzen. Und viele Hefepilze sind unersetzlich zur Herstellung von Lebensmitteln wie Brot, Kefir oder Bier. So vielfältig wie Pilze daherkommen, so unterschiedlich ist auch ihr Äußeres. Angefangen bei den Maßen. Der größte Pilz der Welt ist neun Quadratkilometer groß! Man schätzt das Alter des Hallimasch (Armillaria ostoyae) in den Blue Mountains (Oregon) auf 2400 Jahre. Und was hat es mit den Pilzen in der

Naturheilkunde auf sich? Wie es in der Phytotherapie um die heilenden Eigenschaften von Pflanzen geht, beschäftigt sich die Mykotherapie (das Wortteil „Myko" bedeutet auf Pilze bezogen) mit der Heilwirkung von Pilzen. Diese Nutzung ist in der westlichen Welt ein scheinbar junger Trend. Dabei handelt es sich um uraltes Wissen, das ein fester Bestandteil der jahrtausendealten traditionellen chinesischen Medizin ist, zu der Akupunktur und Kräuterheilkunde gehören. Auch in Europa müssen Pilze schon in der Frühzeit eine wichtige Rolle gespielt haben. Ötzi zum Beispiel, berühmt geworden als Gletschermumie aus der Jungsteinzeit, trug neben diversen Kräutern Stücke vom Birkenporling mit sich, vermutlich aufgrund der bekannten positiven Wirkung bei verschiedenen Erkrankungen und Verletzungen.

Beauty-Geheimnis der Stars

In den vergangenen Jahrhunderten spielten Pilze in der sich modernisierenden Medizin eine untergeordnete Rolle. Bis vor wenigen Jahrzehnten in den USA ein neuer Hype aufkam. Plötzlich waren Vitalpilze der letzte Schrei, denn sie wurden als sicheres Mittel zum Abnehmen angepriesen. Schönheit und Schlankheit sind im Westen immer ein gutes Verkaufsargument. Daher dauerte es nicht lange, bis in Europa geschäftstüchtige Händler die angeblichen Wunderpilze aus Asien zu Geld machten. Kaum überraschend funktionierte der Gewichtsverlust nicht so, wie von den Werbestrategen verkündet. Dennoch führte der Boom dazu, dass

sich Wissenschaftler mit den Pflanzen beschäftigten - und fündig wurden. Vitalpilze strotzen vor Kraftstoffen, die wir uns in der Mykotherapie zunutze machen. Vitamine und Mineralstoffe, Aminosäuren und Enzyme bringen sie mit, und vor allem die wertvollen sekundären Inhaltsstoffe in Form von Polysacchariden.

Pilze gehören zur Krebsheilkunde

Inzwischen wurden viele Pilze analysiert und man kennt ihre Zusammensetzung bis ins kleinste Detail. Natürlich lassen sich die einzelnen Wirkkomponenten nachbauen. Doch der Nachteil von synthetischen Nahrungsergänzungen ist bekannt. Die isolierten Vitalstoffe können nie so erfolgreich sein, wie der ganze Pilz. Denn hier wirken sie mit anderen Bausteinen des Nahrungsmittels zusammen, die sich untereinander verstärken. Synergistische Effekte, die sich im Labor nicht kopieren lassen. Deswegen sind frische, naturnahe Lebensmittel so gesund, und das macht

den Wert der Vitalpilze aus. Heil- oder Medizinalpilze dürfen sie übrigens nicht genannt werden, weil sie keine anerkannten Arzneimittel sind. Deswegen spricht man eben von der Arbeit mit Vitalpilzen oder der Mykotherapie. Besonders in der Krebsheilkunde sind Vitalpilze heute eine feste Größe. Es gibt eine ganze Reihe von Studien aus Japan, die eine antitumorale Wirkung belegen. In der Region Nagano erforschte man über einen Zeitraum von 14 Jahren (1972-1986) Krebserkrankungen. Es war eine riesige Studie mit 174505 Teilnehmern. Die Forscher verglichen die Erkrankungsrate von Enoki-Pilzzüchtern, die häufig auch selbst Pilze aßen, mit der normalen Bevölkerung. Das Ergebnis war überraschend eindeutig – die Krebsrate der Pilzzüchter lag deutlich unter dem Durchschnitt. Die Erkrankungsrate an Krebs lag bei den Frauen um mehr als die Hälfte unter dem Durchschnitt, bei den Männern war der Anteil sogar noch niedriger, nämlich um fast zwei Drittel. Aus dem Grund gehört in Japan eine Mykotherapie bei einer Krebserkrankung in 90% aller Fälle zusätzlich dazu.
Die antitumorale Wirkung entsteht durch antioxidative und entgiftende Inhaltsstoffe, vor allem aber durch den hohen Gehalt an Polysacchariden, die verschiedene Zellen des Immunsystems aktivieren und damit die Abwehr stärken. Natürlich gibt es – wie immer in der Forschung – Zweifler. Die Studien seien nicht vom Tiermodell auf den Menschen übertragbar, es seien nur isolierte Substanzen erforscht oder die Studienqualität genüge nicht wissenschaftlichen Ansprüchen, tönt es aus den Lagern der Schulmedizin. Da wir aber nun Tiere heilen wollen, dürfen uns die guten Ergebnisse im Tiermodell Hoffnung machen. Und: Wer heilt, hat Recht.

Eine Pilzkur stärkt die Gesundheit

Da evidente Studien heutzutage extrem kostspielig sind und sich nur lohnen, wenn daraus ein teures, patentiertes Arzneimittel resultiert, ist mit neuen, umfangreichen Projekten kaum zu rechnen. Wir müssen uns also weiterhin auf die bisherigen Veröffentlichungen verlassen - und auf Erfahrungen. Und natürlich behalten wir im Hinterkopf, dass es sich bei Vitalpilzen um eine Nahrungsergänzung handelt und nicht um ein anerkanntes Heilverfahren.
In meiner Praxis setze ich Vitalpilze oft und gerne ein, in den meisten Fällen als Baustein eines mehrteiligen Behandlungsplanes. Die Mykotherapie ist eine hervorragende Ergänzung zur Phytotherapie. Die meisten Vitalpilze eignen sich gut zur Vorbeugung von Krankheiten, also zur Gesunderhaltung. Eine Immunkur im Herbst, zu Beginn der dunklen Jahreszeit, wenn wir nicht auf frische Pflanzen aus der Natur zurückgreifen können, lässt sich sehr gut mit Pilzpulvern durchführen. Und das gilt für die zweibeinigen genauso wie für die vierbeinigen Familienmitglieder. Geht es um die Behandlung ernsthafter Erkrankungen, sollte die Pilz-Wahl mit einem Therapeuten abgestimmt werden.
Ab Seite 30 stelle ich die wichtigsten Eigenschaften der besten Pilze vor. Informationen zum Bezug nenne ich im Anhang auf Seite 207.

Eine Lebensform zwischen Tier und Pflanze

Pilze (Funghi) bilden neben Pflanzen und Tieren eine andere Lebensform, sie beleben ein eigenes Reich. Sie können nicht wie Pflanzen Energie aus Sonnenlicht gewinnen (Photosynthese), sondern sind wie Tiere auf organische Nährstoffe angewiesen. Dabei sind sie aber nicht beweglich, sie wachsen ja an einem festen Ort. Und auch ihre zellulären Strukturen unterscheiden sich stark von den tierischen. Sie ähneln eher denen der Pflanzen. Um die Verwirrung komplett zu machen: Laut DNA-Analysen sind Pilze enger mit Tieren verwandt als mit Pflanzen. Und was lernen wir daraus? Pilze gehören in ein Zwischenreich. Und aus diesem Reich heraus leisten sie Verblüffendes.

Was wir über Heilpilze gelernt haben

1. Die traditionelle chinesische Medizin heilt seit Jahrtausenden von Jahren mit Vitalpilzen.
2. In Japan haben Forscher Zusammenhänge zwischen einer niedrigen Krebsrate und dem Konsum von Heilpilzen festgestellt.
3. Deshalb werden in Japan bereits 90% aller Krebserkrankungen zusätzlich mit einer Pilztherapie behandelt.
4. Bei Menschen in der westlichen Medizin umstritten, sind Pilze als Heilmittel im Tierversuch jedoch erfolgreich.
5. Mit Pilzen lassen sich hervorragend Stärkungs- und Vitalkuren durchführen. Deshalb gehören zu meinen Behandlungsvorschlägen neben Kräuter auch immer Heilpilze. Da, wo es nötig ist.

Bevor wir anfangen:

Der Worte sind genug gewechselt – lasst mich auch endlich Taten sehen! Frei nach Goethe wenden wir uns jetzt dem praktischen Teil dieses Werkes zu.

Eine Übersicht über die häufigsten Krankheiten

Auf den nächsten Seiten finden Sie eine Aufstellung der häufigsten Gesundheitsstörungen von Hunden und Katzen und dazu die Informationen, mit welchen Kräutern Sie die Selbstbehandlung vornehmen können.

Eine Übersicht der Arzneipflanzen

Der darauffolgende Buchteil ist die Auflistung der nützlichsten Arzneipflanzen von A bis Z inklusive Angaben zur Dosierung. Dort erkläre ich auch Schritt für Schritt, wie man einen Tee, einen Umschlag, einen Kaltauszug oder eine Tinktur zubereitet. Damit bietet dieses Buch ein Nachschlagewerk, auf das Sie im Krankheitsfall zurückgreifen können.

KAPITEL 4

Für die Ungeduldigen gibt es einen Schnellstart

Für einen Quick-Start nenne ich auf Seite 207 die 10 wichtigsten Heilkräuter, mit denen wir eine einfache Hausapotheke bestücken sollten. Mit diesen Top Ten sind wir im Notfall in der Lage, eine kleine Ersthilfe zu leisten, bevor aus der Apotheke oder dem Fachhandel speziellere Phytopharmaka für die gezielte Behandlung eintreffen.

Kräuter als Begleittherapie

Eine Behandlung mit Kräutern ist nicht zwingend als Monotherapie zu sehen. Gerade gestern rief mich ein ehemaliger Nachbar an, dessen Hündin Motte an Zwingerhusten erkrankt war. Er hatte vom Tierarzt ein Antibiotikum bekommen. Ob er noch was tun könne? „Selbstverständlich", entgegnete ich: „Koch ihr einen Salbeitee mit Honig und gib diesen lauwarm übers Futter. Und dazu bekommt Motte einen Schal um den Hals." Was ich damit sagen will: Von vielen Leiden genesen unsere Vierbeiner schneller, wenn sie zusätzlich mit natürlichen Mitteln unterstützt werden.

Was Katzen angeht...

... ist das Leben etwas komplizierter. Auf den Einsatz mancher Arzneipflanzen müssen wir bei unseren Samtpfoten verzichten, weil sie diese nicht vertragen. Der Grund liegt in ihrer Natur: Katzen können viele Medikamente und Pflanzenwirkstoffe nicht abbauen, sie werden dadurch innerlich vergiftet. Ätherische Öle zum Beispiel sind bei ihnen enorm sparsam zu dosieren, ebenso Gerbstoffdrogen. Bitte lassen Sie Vorsicht walten, wenn Rezepte für Stubentiger vorbereitet werden und beachten die Warnungen. Verwenden Sie nur die Pflanzen, die ich für Katzen empfehle. Was für einen Hund gut ist, kann der Katze schaden. Im Zweifel rate ich, sich an einen Phytotherapeuten für Tiere um Rat zu wenden.

KAPITEL 5

Alles für ein starkes Immunsystem

Wie Welpe Marley eine Immunschwäche entwickelt

Marley schien einer dieser Hunde zu sein, die stets „Hier!!!" schrien. Sprich: Er nutzte jede Chance, sich zu verletzen. Und er lud viele Infektionserreger ein, sich bei ihm anzusiedeln und zu vermehren. Ob Junghundehusten, Magen-Darm-Infekt oder Flöhe – der Australian Shepherd nahm alles mit. Die Tierarzthelferin erkannte Marleys Frauchen Svenja am Telefon inzwischen an der Stimme. Und Svenjas Versuch, Geld für einen Urlaub zu sparen, scheiterte an den häufigen Rechnungen für Marleys Behandlungen.

„Alleine in den letzten sechs Monaten musste er zwei Mal Antibiotika nehmen", erzählte mir Svenja, „insgesamt ein Dutzend Mal in den fünf Jahren, seit er bei mir ist. Und seit dem letzten Mal wird sein Kot gar nicht mehr fest. Deswegen will der Tierarzt schon wieder ein Antibiotikum geben, aber das kann doch nicht die Lösung sein? So kann es doch nicht weitergehen?"

Sie zeigte mir ihre Marley-Akte. Jede Rechnung, jedes Rezept, jede Analyse bewahrte sie dort auf. Neue Belege heftete sie immer oben drauf. Um sich auf den Termin mit mir vorzubereiten, hatte sie die verschiedenen Erkrankungen chronologisch aufgelistet mit

Stichworten zur Behandlung. „In den ersten zwei Jahren dachte ich noch, das sei alles normal. Aber irgendwann wunderten sich meine Arbeitskollegen schon, wenn ich an meinem freien Tag mal NICHT zum Tierarzt musste. Die Idee mit Agility habe ich nach wenigen Monaten aufgegeben, weil Marley sich auf dem Hundeplatz immer mit irgendwas angesteckt hat." Sie schüttelte den Kopf: „Das kann echt nicht normal sein." Ich stimme ihr zu: „Normal wäre ein gesunder Hund."
Marley ist sicher ein Patient mit einer extremen Immunschwäche. Allerdings kann ich aus über mehr als zwei Jahrzehnte langer Praxiserfahrung berichten, dass er nicht der Einzige mit einer derartigen Geschichte ist. Um zu heilen, müssen wir uns das Muster anschauen.

Woran wir eine Immunschwäche erkennen

Eine Schwäche der Körperabwehr zeigt sich auf verschiedene Arten. Das Tier leidet immer wieder an unterschiedlichen Krankheiten, es nutzt jede Chance auf eine Infektion. Oder das gleiche Symptom wiederholt sich ständig, es heilt nicht aus, wird chronisch. Auch die Anziehungskraft für Parasiten ist hoch. Manche Tiere mit gestörtem Immunsystem entwickeln therapieresistente Hauterkrankungen, andere Futtermittelallergien. Beides sind bekannte Folgeerkrankungen von übertriebenen, unterdrückenden Therapien. Die Ursache finden wir im zerstörten Mikrobiom, im insuffizienten Darm-Immunsystem.

Marleys Krankheit beginnt im Welpenalter

Mit knapp drei Monaten kam Marley vom Züchter zu Svenja. Er war ihr erster Hund und sie wollte alles richtig machen. So stellte sie die Ernährung des Welpen um, weil sein Ursprungsfutter in ihren Augen nicht optimal war. Und gleich am Tag nach der Ankunft fuhr sie für die ausstehende Impfung zum Tierarzt. Der gab die praktische Fünferkombination.
Ob es der Stress der ersten Tage in der fremden Umgebung war, die Trauer über den Abschied von seiner Hundemama, ob eine Reaktion auf die Impfung, die neue Nahrung oder alles auf einmal: Marley bekam Durchfall. Und weil man ja nicht wissen konnte, ob

dieser nicht doch eine bakterielle oder parasitäre Ursache hatte, wurden vorsichtshalber ein Antibiotikum und eine Wurmtablette verabreicht. Marley erholte sich - wegen oder trotz dieser Therapie - nach einigen Tagen und fühlte sich bald heimisch. Endlich konnte der kleine Hund sozialisiert werden. Gleich beim ersten Besuch der Welpenspielgruppe des Gebrauchshundevereins schnappte er sich einen Hustenerreger auf. Svenja verlor keine Zeit und stellte ihren Kleinen wieder dem Tierarzt vor. Der diagnostizierte einen trockenen Husten, vermutlich virusbedingt, und verschrieb ein Antibiotikum: „Wir möchten ja nicht, dass sich eine bakterielle Sekundärinfektion bildet". Am dritten Tag der Behandlung wurde Marleys Kot breiig, danach wässrig. Der Veterinär verordnete ein anderes Antibiotikum. Es dauerte mehr als zwei Wochen, bis der Welpen-Output wieder Würstchenform annahm. Nun war Zeit für die Tollwutimpfung. Blöd, dass Marley gerade im Zahnwechsel war. Svenja hatte gelesen, dass man in dieser Phase lieber nicht impfen sollte. Aber der Arzt fand das nicht schlimm. Zur Impfung gab es gleich eine Wurmkur – sicherheitshalber. Marley bekam Durchfall. Und erhielt wieder ein Antibiotikum. So oder ähnlich lauten die Lebensläufe von vielen chronisch kranken Hunden und Katzen. Die moderne Medizin hat gegen jedes Leiden eine Pille, für alle Befindlichkeitsstörungen ein Pülverchen. Sie gibt Antibiotika bei bakteriellen Erregern. Antispasmolytika zur Linderung von Krämpfen. Antiemetika verhindern Erbrechen. Antiphlogistika lindern Entzündungen. Alles richtet sich gegen Symptome und Beschwerden. Die Medizin sollte mehr für den

Patienten tun. Denn grundsätzlich hat jedes Individuum ein gut funktionierendes Immunsystem, das sich mit ein wenig Unterstützung gut gegen Krankmacher wehren kann.

Warum im Körper ein ständiger Überlebenskampf herrscht

Das Immunsystem schützt den Körper vor allem, was ihm schadet. Dazu gehören Schadstoffe (z.B. Umweltgifte), Krankheitserreger (Bakterien, Viren, Pilze), entartete Körperzellen und Parasiten. Die Verteidigung läuft wie in einer

klug gebauten Ritterburg. Dort gibt es als äußere Verteidigungslinie einen Wassergraben, der die Feinde aufhält. Danach stehen die Belagerer vor einem Burgwall und innen warten die bis an die Zähne bewaffneten Bewohner, bereit, sich mit Kanonen, Pech und Schwefel zu wehren.
Schauen wir uns an, wie es beim Körper läuft, wenn er angegriffen wird. Die ersten Verteidigungswälle werden von Haut und Schleimhäuten gebildet. Diese verhindern, dass Feinde ins Körperinnere vordringen. Wird diese Barriere überwunden, treffen die Eindringlinge im Körper auf ganze Armeen. Verschiedene Organe (z.B. Knochenmark, Thymus, Milz, Mandeln, Lymphknoten) aktivieren Immunzellen. Dazu gehören Fress- und Killerzellen, die ausschwärmen und alles Feindliche vernichten. Ebenfalls effektiv sind die Gedächtniszellen. Sie merken sich vergangene Angreifer und schlagen sofort Alarm, wenn diese wieder auftauchen. Andere Einheiten erkennen und eliminieren entartete Zellen, die Tumoren bilden können. Das Immunsystem lernt früh, kranke von intakten Körperzellen zu unterscheiden. Es ist die entscheidende Abwehr, damit unsere Tiere sich gesund und frei in der Welt bewegen können. Denn diese Welt ist nicht nur die Heimat für Mensch und Tier, auch Bakteri-

en, Pilze, Viren gedeihen dort. Das Immunsystem sichert das Überleben in dieser Nachbarschaft. Beim Jungtier ist die Immunabwehr noch nicht fertig ausgebildet. Erst mit der Auseinandersetzung mit den Umweltkeimen, dazu gehört auch eine leichte Infektion, trainiert es sich und wird von Tag zu Tag leistungsfähiger.

Das Immunsystem braucht Training, keine Überforderung

Stellen wir uns vor, ein 19jähriger Mann hat eine Wette verloren und läuft deswegen bei einem Marathon mit. Er hat nicht dafür trainiert, weil er sich ja erst vor zwei Wochen in die Nummer reingeritten hat. Wie weit kommt er, bevor er schlapp macht? So ähnlich geht es jungen Tieren mit ihrem Immunsystem, wenn bei jeder Befindlichkeitsstörung gleich von außen mit dem Hammer auf die Auslöser gehauen wird. Das Abwehrsystem des Welpen lernt nicht, mit Keimen umzugehen. Es übt nicht, Erreger zu bekämpfen. Im Gegenteil – ein wichtiger Teil seines Immunsystems, das Darmmikrobiom, bekommt mit je-

der Antibiotika-Behandlung eins auf den Deckel. Das Medikament unterscheidet nicht zwischen guten und bösen Bakterien. Ein Antibiotikum zerstört alles.

Deswegen ist jeder Einsatz von Antibiotika abzuwägen. Manchmal ist es nötig. Und trifft einmal in vielen Jahren so ein Medikament auf einen gesunden, funktionierenden Organismus, erholt sich die Darmflora im günstigsten Fall. Sind aber Schäden vorhanden, weil das Mikrobiom noch nicht aufgebaut ist, oder weil es wieder und wieder zu einem antibiotischen Gemetzel kommt, reicht irgendwann die Selbstheilungskraft nicht mehr aus.

Eine Krankheit entsteht, wenn das Immunsystem in die Knie geht

Normalerweise bemerken wir die ständigen Schlachten in unserem Körperinneren nicht. Erst wenn das Immunsystem überfordert ist, wird es spürbar. Dann werden wir krank. Tiere auch. Die Anfangssymptome zeigen uns, wo der Feind angreift. Husten oder eine triefende Nase sollen Keime von den Atemwegen fernhalten. Durchfall dient dazu, Unerwünschtes schnellstmöglich aus dem Darm zu schleusen. Fieber schwächt und lähmt krankheitserregende Bakterien und Viren, die sich bei normaler Körpertemperatur am besten vermehren würden.

Zunächst auf Antibiotika zu verzichten heißt nicht, untätig zu hoffen und zu beten, dass die Erkrankung von selbst verschwindet. Hier bietet uns die Natur ihre Hilfe an. Mithilfe der Regulationsmedizin kann man die verschiedenen Abteilungen des Immunsystems wunderbar stärken. Einige Pflanzenwirkstoffe sorgen erwiesenermaßen dafür, dass mehr Abwehrzellen gebildet werden. Andere blockieren entzündliche Botenstoffe. Pflanzliche Antibiotika (ab Seite 45) können dabei helfen, Krankmacher zu eliminieren.

Das macht Bio-Medizin so wertvoll

Alle alternativen Therapien fasst man unter dem Oberbegriff Regulationsmedizin zusammen. Im Gegensatz zur Schulmedizin, in der nur einzelne Symptome behandelt oder unterdrückt werden, sucht und eliminiert die Regulationsmedizin die Krankheitsauslöser nach diesem Schema:

1. **Wir finden die Ursache für die Erkrankung.**
2. **Dann heilen wir sie von Grund auf.**
3. **Dazu regulieren wir Fehlfunktionen im Körper, bis er normal und gesund funktioniert.**

Ein Beispiel: Als Ursache für wiederkehrenden Durchfall wird eine Besiedlung des Darms mit schädlichen Bakterien gefunden. Anstatt die Diarrhö zu unterdrücken, unterstützen wir den Aufbau eines gesunden Mikrobioms, stark genug, um die krankmachenden Bakterien zu verdrängen.

Wir behandeln Marley auf allen Ebenen

Marleys Krankengeschichte ließ keine Zweifel zu: Seine Immunabwehr war zu schwach. Der Durchfall seit der letzten Medikation zeigte zudem, dass sein Mikrobiom nachhaltig gestört war. Er brauchte dringend Hilfe auf allen Ebenen, damit sich nicht noch eine chronische Darmentzündung oder Futterunverträglichkeiten entwickelten. Wir mussten Marley helfen, seinen Darm zu heilen, und seine Körperabwehr stärken.

Ich erstellte einen Behandlungsplan. Im Zentrum stand meine Basis-Immunkur (sh. Kasten). Den Darm entgifteten wir mithilfe von Huminsäuren. Leber und Nieren bekamen Unterstützung für ihre Ausscheidungsarbeit durch Löwenzahn- und Brennnesselblätter. Es war Frühling und Svenja sammelte täglich auf dem Hundespaziergang in unbelasteter Natur eine gute Handvoll des frischen Grüns, um es klein geschnitten in Marleys Futter zu mischen. Flohsamen lieferten Ballaststoffe und verfestigten den Kot. Um die Darmflora zu regenerieren, reicherten wir die Nahrung zusätzlich mit einem Teelöffel Inulin an, ein günstiges und gut verträgliches Präbiotikum für die wertvollen Darmbakterien. Diese profitierten auch von den Pilzen Hericium und Reishi. Neben der lokalen Wirkung im Darm stärken Vitalpilze insgesamt das Immunsystem. Es dauerte nicht lange, bis Marley wieder gut geformte Würstchen ausschied. Und vier Monate nach Beginn der Behandlung erzählte Svenja lachend: „Im Hundefreilauf sind sie ganz begeistert, weil Marley so agil und temperamentvoll geworden ist. Die wollen alle auch

diese Kur haben, und das nicht nur für ihre Hunde!" Zweimal jährlich macht Marley jetzt eine Kräuterkur für seine Abwehr. Er hat keine neuen Infekte ausgebrütet und keine Verdauungsstörungen mehr gezeigt.

Meine Basis Immunkur

Bei einer ausgeprägten Immunschwäche hat sich diese Kur bewährt:

- Eine Woche Sonnenhut, eine Woche Pause.
- Eine Woche Propolis, eine Woche Pause.
- Eine Woche Katzenkralle (für Katzen: Hagebutte), eine Woche Pause.
- Dann den ganzen Ablauf einmal wiederholen.

Jedes Tier profitiert von einer Entschlackungskur im Frühling

Ich empfehle meinen Klienten grundsätzlich, im Frühjahr eine Entschlackungs- und Entgiftungskur durchzuführen. „Kur" hört sich dabei anstrengender an, als es ist. Wir nutzen wieder, was die Natur zur Verfügung stellt. Geeignete Pflanzen sind alle, die die Nieren- und die Leberfunktion anregen und unterstützen. Gute Beispiele sind Birke, Brennnessel, Giersch, Gänseblümchen, Ackerschachtelhalm und Löwenzahn.

So geht's: Für einen 20-Kilo-Hund schneiden wir insgesamt eine Handvoll der Blätter oder Blüten klein und geben dies pur oder nur kurz mit heißem Was-

ser übergebrüht ins Futter. Wer nicht sammeln möchte, vielleicht eine zusätzliche Kur im Herbst durchführen will – besonders für vierbeinige Senioren empfehlenswert – mag aus den gleichen, dann aber getrockneten Pflanzen einen Tee zubereiten. Der Akzeptanz wegen ist für Katzen immer die Anwendung als Tee sinnvoll.
Die Frühjahrskur kann drei bis sechs Wochen dauern. Hat das Tier konkrete Gesundheitsstörungen, ergänzen wir das Programm um speziell dafür geeignete Kräuter.
Nach der Entgiftung bekommt das Immunsystem Power:

Meine Frühjahrsimmunkur – die beste Apotheke gedeiht im Garten

Die Natur stellt uns unzählige Pflanzen bereit, die das Immunsystem unterstützen. All die Rezepte in diesem Buch dienen dazu, dem Körper zu helfen, sich selbst zu heilen. Mittelbar stärken

und trainieren wir damit ganzheitlich seine Abwehrkräfte.
Eine Immunkur im Frühjahr sollte aus der beschriebenen sanften Entgiftung in Verbindung mit der vorsichtigen Dosierung von Immunstimulanzien bestehen. Die Natur bietet uns wirkungsvolle Frischpflanzen, die wir gelegentlich oder kurweise fein geschnitten ins Futter geben können: Holunderblüten, Kapuzinerkresse (und andere Kressearten), Angelikawurzel, Bockshornkleesamen, etwas Knoblauch, Brombeerblätter, Meerrettichblätter

Holunderblüten

Knoblauch

und wilde Karde. Wir verwenden die einzelnen Pflanzen oder kombinieren bis zu drei verschiedene. Eine Kur kann zwei bis drei Wochen dauern.

Warum wir eine Krankenakte führen sollten

Häufig erzählen Hunde- und Katzenbesitzer beim Erstbesuch, ihr Tier habe „eine Spritze" oder „Tabletten" bekommen. Wann das war? „Ähm… vor zwei Jahren… oder ist das schon drei Jahre her?" Um eine Diagnose zu stellen, um eine Krankheitsursache zu identifizieren, kann die Art der Vorbehandlung eine Rolle spielen, ebenso zeitliche Abläufe. Ich rate daher zur Buchführung – selbst, wenn das Tier gesund ist. Führen Sie eine Krankenakte. Bewahren Sie am besten alle Papiere auf, die mit dem Haustier zu tun haben. Es reicht, einfach die neuen Tierarztrechnungen, Analysen oder Rezepte auf die alten zu heften. So kann man automatisch die Krankengeschichte nachvollziehen. Falls man einmal den Therapeuten wechselt, kann der Nächste sich ein klares Bild über erfolgte Diagnosemaßnahmen und Therapieansätze machen. Das spart Geld und Zeit.

Extra:

Natürliche Antibiotika

Für manche Menschen sind sie Fluch und Segen zugleich: Antibiotika. Jeder weiß, dass diese Medikamente bei starker bakterieller Infektion eine wirksame Hilfe sein können, die viele Leben retten. Auf der anderen Seite kennt man heute die unerwünschten Nebenwirkungen, zum Beispiel auf das Darmmikrobiom. In Verruf gekommen sind Antibiotika nicht zuletzt, weil aufgrund ihrer inflationären Anwendung eine Reihe der Keime, die sie zunichtemachen sollten, Resistenzen gebildet haben.

Das resultiert daher, dass in der Veterinärmedizin mit Antibiotika über Jahrzehnte mehr als sorglos umgegangen wurde. Ein Problem, dessen man sich bewusst ist, ohne eine Lösung gefunden zu haben. Zwar ist in Deutschland seit ihrer erstmaligen Erfassung im Jahr 2011 die Menge der in der Tiermedizin abgegebenen Antibiotika deutlich gesunken. 2020 aber kehrte sich der Trend um: Um 4,6 Prozent im Vergleich zum Vorjahr stieg die Abgabemenge laut Bundesamt für Verbraucherschutz und Lebensmittelsicherheit (BVL).

Antibiotika-Resistenzen

Viele bakterielle Krankheitserreger haben Resistenzen gegen eine oder verschiedene Antibiotikaklassen aufgebaut. Diese Entwicklung ist speziesübergreifend, betrifft also Tiere und Menschen. Und sie setzt sich weiter fort.

Es gibt kaum noch Reserveantibiotika mit bisher wenigen bekannten Resistenzen. Je häufiger Antibiotika zum Einsatz kommen, desto mehr steigt die Gefahr der Resistenzbildung. Ein zusätzliches Risiko entsteht, wenn die Medikamente nicht ausreichend lange gegeben werden.

Tierhalter untereinander beklagen gerne und lautstark, „...dass der Sammy wieder ein Antibiotikum nehmen musste". Leider ist es in der Kleintiermedizin nach wie vor weit verbreitet, bereits bei leichten Infekten, ja, schon bei Verdacht Antibiotika einzusetzen. Dabei kann man in vielen Fällen darauf verzichten. Zum einen haben die meisten Vierbeiner ein gut funktionierendes Immunsystem. Zum anderen gibt es wirksamen Ersatz aus der Natur.

Einige Pflanzen sind reich an Senfölen – und diese wirken antibakteriell. Sie durchbrechen selbst die sogenannten Biofilme, mit denen sich die Bakterien erfolgreich vor chemischen Antibiotika schützen. Eine andere Wirksubstanz sind die ätherischen Öle. Diese sind laut Laborstudien effektive Gegner für multiresistente Bakterienstämme. Auch wegen ihrer entzündungshemmenden Wirkung sind sie beliebt.

Im Gegensatz zu synthetischen Antibiotika wirken die pflanzlichen nicht nur gezielt gegen eine Erregerklasse, sondern als natürliches Breitspektrum-Antibiotikum gegen eine Vielzahl von bakteriellen Krankheitserregern, und das ohne Gefahr von Resistenzbildung.

Einige Phyto-Antibiotika hemmen sogar das Wachstum von Krankheitserregern anderer Genese (z.B. Viren oder Pilze), was kein herkömmliches Antibiotikum aus der Apotheke schafft. Das macht ihren Einsatz in der Tiermedizin besonders interessant. Viele alltägliche Infektionen haben eine virale Ursache und werden erst durch bakterielle Sekundärinfektionen verschlimmert. Wenn die Arzneipflanze sowohl über antibiotische als auch antivirale Eigenschaften

verfügt, wird dem Patenten mehrfach geholfen. Ein weiterer Vorteil ist, dass die pflanzlichen Inhaltsstoffe die nützlichen Darmbakterien nicht zerstören, sondern schützen. Damit verbessern diese Drogen die Kraft der körpereigenen Abwehr.

Diese Gewächse zählt man zu den pflanzlichen Antibiotika:

- Durch ihren hohen Gehalt an Senfölglykosiden: Meerrettich, Kapuzinerkresse (ebenso Gartenkresse und Brunnenkresse), Brokkolisprossen und alle Kohlarten.
- Durch ätherische Öle in Kombination mit anderen Wirkstoffen: Kamille, Thymian, Salbei, Knoblauch, Zwiebel, Ingwerwurzel, Isländisch Moos.
- Ebenfalls eine starke antibakterielle Wirkung hat Propolis, der Kitt der Honigbienen.

Wichtig ist Folgendes: Wir behandeln sofort, bei den ersten Anzeichen einer Erkrankung, mit biologischen Mitteln, damit aus einem kleinen Problem kein großes wird. Bei fortgeschrittenen Krankheiten stößt auch die Kräutermedizin an ihre Grenzen. Deshalb rate ich, begleitend einen Tierarzt hinzuzuziehen. Bei leichten Anfangssymptomen aber hat man eine gute Chance, dass der Patient die Erreger durch sein Immunsystem und mit Hilfe der Phytobiotika in den Griff bekommt.

Die besten Vitalpilze für das Immunsystem

Aufgrund ihrer vielfältigen Inhaltsstoffe haben Vitalpilze einen guten Effekt auf das Immunsystem. Sie enthalten viele Vitamine, Mineralstoffe, Aminosäuren und Enzyme sowie Polysaccharide mit ihrem immunmodulatorischen Wirkprinzip. Eine Immunkur können diese Pilze ergänzen:

- Kaum ein Pilz stärkt und schützt das Immunsystem so sehr wie der Mandelpilz (ABM). Gleichzeitig hat er eine entgiftende Wirkung
- Für eine umfassende Kur kann man ihn mit Reishi, ebenfalls ein Tausendsassa der Vitalpilztherapie, oder Shiitake kombinieren.
- Ebenso bietet Polyporus wertvolle Dienste für eine Entgiftung, weil er den Lymph- und den Harnfluss anregt. Er ist auch ein wackerer Kämpfer gegen Krankheitserreger unterschiedlichster Genese
- Ebenfalls immunstärkend sind Cori-

olus, Enokitake, Maitake und Pleurotus.
- Die Regenerationsfähigkeit des Immunsystems, etwa nach Chemotherapien, kann Chaga oder Cordyceps verbessern.
- Viele Pilze haben antibakterielle Wirkungen. Dazu gehört der Coprinus comatus. Im Labor erwies sich bereits, dass sein Wirkstoff Coprinol selbst multiresistente Bakterien erfolgreich bekämpft.

Herbstliche Immunkur

Ich empfehle die Pilze zur Krankheitsvorbeugung und habe beste Erfahrungen mit Immunkuren mit Vitalpilzen gemacht. Zu Beginn der dunklen Jahreszeit, wenn wir nicht auf frische Pflanzen aus der Natur zurückgreifen können, stärken wir den Körper nochmals effektiv, um gut durch den Winter zu kommen. Es reicht ein einzelner Pilz oder eine Kombination aus zwei Pilzen. Die Dauer sollte bei vier bis sechs Wochen liegen. Jeder Vitalpilz hat individuell verschiedene Heilwirkungen auf den Körper. Für die Auswahl der richtigen Pilze denken wir ganzheitlich und richten uns nach den sonstigen Beschwerden des Tieres. Was die einzelnen Vitalpilze können, steht in der Übersicht ab Seite 146.

Tipp: Bei einer ausgeprägten Immunschwäche sollte man nicht zum Pilzpulver, sondern zum höher konzentrierten Extrakt greifen.

Gesunde Haut und glänzendes Haarkleid

KAPITEL 6

Schuppen, Juckreiz, Pickel, kahle Stellen – keine Frage. Unser größtes Organ zeigt deutlich, wenn etwas nicht in Ordnung ist. Oder? In Wirklichkeit offenbart die Haut nicht nur ihre eigenen Probleme, sie bringt auch Schwierigkeiten im Innenleben ans Tageslicht. Dementsprechend ist bei großflächigen, dauerhaften Hautveränderungen eine rein äußerliche Behandlung kaum ausreichend.
Natürlich können wir mit einer Salbe den Juckreiz lindern. Aber der Grund dafür bleibt. Schuppen lassen sich abwaschen. Doch es werden sich neue bilden, wenn wir nicht die Ursache angehen. Das ist vielleicht ein hormonelles Problem, eine Fehlfunktion in Schilddrüse oder Nebennierenrinde. Eine Allergie wäre denkbar oder die eine Schwäche der Entgiftungsorgane. Möglicherweise haben wir es auch mit Hautparasiten zu tun?

Erst nach der Diagnose wird entschieden, wie die Therapie aussieht. Bei endokrinen Erkrankungen wird man hormonell behandeln, aber auch den eigentlichen Grund dafür suchen. Bei einer Allergie empfiehlt sich eine Immunregulation. Zu den Organinsuffizienzen liest man sich nun die Informationen über die Behandlung von Nieren und Leber durch. Hautsymptome müssen wir immer ganzheitlich betrachten und therapieren. Natürlich kommt dabei unsere vielseitige Phytotherapie zum Einsatz. Bei vielen Hautproblemen können wir mit der Hilfe der Kräuter wunderbar schnelle Linderung und Heilung erreichen.

Glanzloses Haar, schuppige Haut und sie müffelt

Jeder kennt das volle Fass, das durch den berühmten letzten Tropfen zum Überlaufen gebracht wird. Dieses Bild verwende ich gerne, wenn neue Patienten zu mir kommen, die nicht nur nach einer Stoffwechselbelastung aussehen, sondern sogar danach riechen.

Ronja ist sauer

Stumpfes Fell und eine trockene Haut mit Schuppen. Ein muffiger, hundelnder Körpergeruch. Ein Hund, der älter aussieht, als er ist, und sich auch so benimmt. So lerne ich Ronja kennen, einen neunjährigen Goldie-Mix. Klinisch scheint sie gesund, Frauchen war mit ihr zum Rundum-Check beim Tierarzt, sämtliche Blutwerte sind unauffällig. „NOCH unauffällig", betone ich. Denn der Bericht über Ronjas Ernährung liefert mir die Erklärung für ihr schlechtes Aussehen und das mangelnde Temperament.

Ihr Leben lang bekam sie Trockenfutter von bekannten Herstellern, die für Marketing deutlich mehr investieren als für die Qualität der Zutaten. Im Laufe der Jahre hat Ronja mit diesen Pellets permanent Müll aufgenommen, der in den Zellen und Zellzwischenräumen den Stoffaustausch behindert und zu Übersäuerung führt. Wenn dann die inneren Entgiftungsorgane Leber, Niere und Darm überlastet sind, muss die Haut die Arbeit übernehmen und leitet Giftstoffe aus. Wie bei meinem Patienten - in das sprichwörtliche Fass namens Ronja passt kein Tropfen mehr hinein.
Vier Monate später scheint die Hündin um Jahre verjüngt. Ihr Fell und ihre Augen glänzen. Sie spielt voller Lebensfreude mit dem Nachbarhund. Frauchen freut sich: „Das ist meine Ronja...".
Was haben wir getan? Frauchen bekam von mir einen auf ihre Bedürfnisse angepassten Futterplan und kocht seitdem für ihren vierbeinigen Liebling selbst. In den Napf wandern natürliche Lebensmittel, dazu hochwertige Omega-Öle und alle paar Tage ein halber Becher selbst angesetzten Kefirs. Lachsöl und Kefir sind wahre Wundermittel, nicht nur für den Hautstoffwechsel. Anfangs haben wir Ronja eine Entgiftungskur (Seite 43) gegönnt, und ihre Ernährung wird weiterhin kurweise mit Brennnesseln und Löwenzahn angereichert, eine wertvolle Unterstützung für Leber und Niere.

Billigfutter

Auf der Vorderseite lesen wir: „Zubereitet mit frischem Weiderind, grasgefüttertem Lamm, wertvollem Huhn... Eine ausgewogene Mahlzeit, mit ausgewählten Zutaten..." Das hört sich gut an? Ein offenes Wort sei mir verziehen: Vergessen Sie es! Das, was auf einer Hundefutterpackung groß geschrieben steht, das ist reine Werbung. Information finden wir auf der Rückseite, klein gedruckt – die Zusammensetzung. In diesem Beispiel sieht die so aus: „Getreide, u.a. 4 % Reis, pflanzliche Nebenerzeugnisse, Öle und Fette, Fleisch und tierische Nebenerzeugnisse (10 %, u.a. 4 % frisches Rind), Gemüse (u.a. 4 % Karotten), Mineralstoffe, pflanzliche Eiweißextrakte, Zucker, Milch und Molkereierzeugnisse, Fisch und Fischnebenerzeugnisse."
Die „ausgewogene Mahlzeit" besteht zu 4 % aus Rind. Was in den restlichen 10 % Fleisch und tierischen Nebenerzeugnissen steckt, kann alles sein, was im Schlachthof übrig ist – zum Beispiel Innereien, Haut, Euter, Hufe, aber auch Federn und Wolle. Gut verwertbare tierische Eiweiße sind hier kaum enthalten. Die Analyse der Inhaltsstoffe gibt zwar einen physiologisch korrekten Eiweißgehalt an. Wenn die Proteine jedoch vorrangig aus Pflanzen gewonnen werden, ist die Bioverfügbarkeit für Hunde niedrig. Dafür nehmen sie unverdauliche Masse auf. Das bewirkt

dass die Vierbeiner wichtige Nährstoffe nicht gut verstoffwechseln. Sie kommen in Form überdimensionaler Kothaufen wieder hinaus. Unterm Strich ist bei jedem Trockenfutter die starke Verarbeitung der Zutaten ein Manko. Alles wird wegen der Hygiene auf mindestens 90 Grad erhitzt, dann getrocknet und gemahlen. Diese Mischung wird unter hohem Druck durch eine Trommelwand mit kleinen Löchern in Form gepresst. Dabei entstehen noch einmal Temperaturen zwischen 42 und 80 Grad. Da die meisten Vitamine und andere Mikronährstoffe diese Prozedur nicht überstehen, werden sie anschließend künstlich zugesetzt (auf der Packung als „Zusatzstoffe" deklariert). Wir wissen heute aber, dass synthetische Vitamine den Körper nie so versorgen können, wie ein naturbelassenes Lebensmittel mit seinem Gesamtkunstwerk an Makronährstoffen (das sind Proteine, Kohlenhydrate und Fette) und Mikronährstoffen (Vitamine, Mineralstoffe, Spurenelemente und sekundäre Pflanzenstoffe).

Ekzeme und Hot Spots

„Emma hat was", Frauchen Simone ist am Telefon ganz aufgelöst. „Sie leckt und knabbert die ganze Zeit an ihrer Hinterbacke. Sie lässt sich nicht davon abhalten, wir müssen unbedingt gleich zu dir kommen." Eine Stunde später steht sie mit ihrer dauerfröhlichen Labradorhündin in meiner Praxis. Mir fällt sofort ein feucht geschlecktes, klebriges Areal an ihrem Oberschenkel auf. „Mal wieder ein Hot Spot", vermute ich, und Simone nickt: „Das habe ich befürchtet. Deswegen hatte ich es ja so eilig."

Das war gut. Ein Hot Spot ist eine lokale Hautentzündung (Dermatitis), die rasend schnell aufflammt. Innerhalb weniger Stunden beginnt sie zu nässen und eitern. Zudem juckt und brennt sie. Betroffen sind vor allem Hunde mit dichtem Fell, und das überwiegend im Sommer. Auslöser kann eine kleine Hautverletzung sein, etwa ein Insektenstich oder ein Kratzer durch einen Dorn. Wärme und eine feuchte Haut begünstigen das Ausbreiten der bakteriellen Entzündung. Die Therapie sollte schnell eingeleitet werden. Je länger die Infektion besteht, desto tiefer wandern die Bakterien, unterstützt durch das Schlecken des Hundes. Der Hot Spot kann so schmerzhaft werden, dass eine Behandlung nur noch unter Betäubung möglich ist.

Beim Tierarzt wird fast immer ein Antibiotikum gegeben, gerne in Kombination mit Kortison gegen den Juckreiz. In den meisten Fällen, besonders bei frühem lokalem Eingreifen, ist das nicht notwendig. Mit den richtigen Helfern aus der Natur können wir die Entzündung stoppen und die Haut zur Heilung bringen, ganz ohne das Risiko von Anti-

biotika-Nebenwirkungen.
Während Simone ihrer Hündin beruhigend den Kopf streichelt, kürze ich mit einem Scherapparat und einer Schere vorsichtig das Fell an der betroffenen Stelle. „In manchen Büchern steht, dass man rasieren soll", erkläre ich Simone, „aber diese Hot Spots können so schmerzhaft sein, das wollen wir Emma nicht antun. Ein paar Stoppeln stören uns nicht, Hauptsache, es kommt Luft ran." Zudem wollen wir verhindern, dass umstehende Haare mit den Entzündungsexsudaten verkleben.
Mit neuer Frisur kann ich den Schaden begutachten. An Emmas Hüfte blüht ein typischer oberflächlicher Hot Spot, eine ovale, rote, nässende Fläche, knapp handtellergroß, mit einem gelblichen, haarlosen Zentrum. Das entzündete Gewebe ist deutlich abgegrenzt zur benachbarten gesunden Haut. Vom eitrigen Wundsekret strömt ein unangenehmer Geruch aus.

Ich tränke Baumwolltupfer mit stark verdünnter Ringelblumentinktur und wasche damit vorsichtig das Ekzem ab. Zum Glück findet Emma die Besuchermatte in meiner Praxis bequem und

hält während der Prozedur vorbildlich still. Nach dem Säubern lasse ich für einige Minuten einen getränkten Tupfer auf der Entzündung liegen. Feuchte Umschläge mit verdünnter Ringelblumentinktur oder -tee wirken antibakteriell und granulationsfördernd.
„Zu Hause machst du einen Eichenrindensud und wendest den zweimal täglich verdünnt an. Damit trocknet die Dermatitis noch schneller aus", erkläre ich Simone. „Wenn du das Gefühl hast, dass es Emma stark juckt, wäre ein Sud aus Walnussblättern noch besser. Und sobald die Wunde nicht mehr nässt, solltest du die Heilung äußerlich mit Salbeitee unterstützen." Ganz wichtig sei es, Emma vom Lecken abzuhalten. „Und es muss Luft an die Stelle. Also kein Verband und kein Pflaster drauf." Auch Cremes, Pasten oder Puder verschließen die Oberfläche und begünstigen damit eine weitere Vermehrung der anaeroben Bakterien.
Normalerweise heilt der Hot Spot mit dieser Hilfe innerhalb weniger Tage ab. Wenn aber der Hund zu solchen lokalen Hautentzündungen neigt, muss man tiefer denken. Es kann zum Beispiel eine Allergie dahinterstecken. Emmas Futterallergien haben wir mit der richtigen Ernährung zwar gut im Griff. Ich empfehle Simone dennoch, für die weitere Immunregulierung eine Entgiftung und Darmsanierung zu wiederholen.
Katzen leiden nur selten unter Hot Spots. Zeigen sie aber hartnäckige, wiederkehrende Ekzeme am Kopf, muss immer eine Allergie oder Autoimmunerkrankung vermutet werden. Die äußerliche Behandlung ist wie beim Hund. Da Katzen aber sensibel auf Gerbstoffe reagieren, verwendet man anstatt Eichenrinde oder Walnussblättern eine sanftere Kamillenlösung.

Schnelle Hilfe bei Insektenstichen

Ein entspannter Spaziergang durch die Natur, doch plötzlich kratzt Percy sich am Maul und reibt hektisch seinen Kopf auf der Erde. Schon nach kurzer Zeit ist eine Schwellung an der Schnauze zu erkennen. Offenbar hat Percy einen Stich.
Passiert das unterwegs, lindert das „Wiesenpflaster" aus Spitzwegerich ganz schnell. Wir zerquetschen ein paar Blätter, bis Saft austritt, und reiben das Grün auf die Haut. Zu Hause lässt sich lokaler Juckreiz durch Insektenstiche oder -bisse durch einen Tropfen Johanniskrautöl beruhigen. Alternativ einfach eine Quarkkompresse auflegen: Den gekühlten Quark fingerdick auf die juckende Stelle schmieren und mit einem Baumwolltuch oder Taschentuch abdecken. Bis zu einer Stunde liegen lassen.

Wichtig: Schwillt der Kopf nach einem Bienen- oder Wespenstich stark an, sofort zum Tierarzt fahren. Bei dieser starken allergischen Reaktion können die Atemwege zuschwellen.

Quälender Juckreiz

Boxer Tom kratzt und beißt sich ununterbrochen. Sein Juckreiz muss wirklich quälend sein. Am Schwanzansatz hat er sich schon blutig genagt. „Er kommt nicht einmal nachts zur Ruhe", bedauert Halter Klaus.
Wie so häufig, haben wir es auch hier mit einem Symptom und nicht mit einer Krankheit zu tun. Was meine ich damit? Dass der Hund sich kratzt, ist nicht das eigentliche Problem, er ist die Folge eines Problems. Das bedeutet: Wir können Juckreiz behandeln. Besteht die Ursache aber weiter, wird er nicht auf Nimmerwiedersehen verschwinden. Bei deutlichem, anhaltendem oder immer wiederkehrendem Juckreiz muss der Grund gefunden werden. Das ist in manchen Fällen langwierig, aufwendig und teuer. Es gibt eine große Vielfalt

von Juckreizauslösern, darunter Hautparasiten, Allergien oder Hormonstörungen. Aber wenn man dann eine ursächliche Behandlung mit Erfolg abschließen kann, hat sich der Aufwand gelohnt.
Bis dahin wollen wir bestmöglich die Qualen unseres sich kratzenden Tieres lindern. Sind große Teile der Körperoberfläche betroffen, empfehle ich Bäder mit einem Shampoo auf Hafermehlbasis.
Das Rezept: 4 bis 5 Esslöffel Hafermehl (dazu kann man Bio-Haferflocken im Mixer zu Mehl mahlen) mit warmem Wasser zu einem dünnflüssigen Brei verrühren. Es muss eine weiche, sanfte Masse werden, die kühl auf die gereizte Haut aufgetragen wird. Vorsicht beim Abspülen: Das Mehl verstopft schnell den Abfluss. Alternativ benutzt man Hafermehl-Shampoo aus dem Reformhaus oder der Apotheke.
Kleinere juckende Areale behandeln wir mit einem Sud aus Walnussblättern. Das hilft auch Tom, bei dem ich aber schnell die Ursache für seine Beschwerden finde: Flöhe. Nachdem die Lästlinge erfolgreich bekämpft sind,

kommt der weiße Boxer schnell zur Ruhe und die Haut heilt ab. Toms extremer Juckreiz lässt aber auf eine allergische Reaktion schließen, was eine immunregulierende Therapie erfordert.
Was können wir noch gegen Juckreiz tun? Wer eine Aloe vera-Pflanze zu Hause hat, schneidet ein Blatt ab und von diesem ein Stück von 1 bis 2 Zentimetern Dicke. Dieses wird geschält. Das Gel aus dem Inneren des Blattes kann pur auf die Haut gerieben werden, es stillt den Juckreiz und unterstützt die Heilung. Alternativ gibt es fertige Aloe vera-Sprays zu kaufen.
Juckreiz der Pfoten lindern Fußbäder mit Walnusssud, Hafermehlshampoo oder stark verdünntem Apfelessig. Achtung: Essig nie bei offenen Wunden verwenden, das brennt! Hat sich das Tier blutig gekratzt, behandeln wir die Verletzungen wie unter „Ekzeme und Hotspots" beschrieben.

Hautpilz

Luna lernt, sich zu wehren

„Wir waren jetzt dreimal in Behandlung, und der Hautpilz ist zum Glück wieder weg." Sascha hebt vorsichtig seine Hauskatze Luna aus dem Korb. Sie hat glänzendes Fell, nur am Kopf sind an mehreren rundlichen Stellen die Haare noch nicht komplett nachgewachsen. Sascha drückt sie sanft an sich: „Ich habe Angst, dass es von vorne losgeht. Können wir was dagegen tun?"
Leiden Katzen und Hunde unter Hautpilz (Dermatomykose), weist das grundsätzlich auf eine Schwäche des Immunsystems hin. Pilzsporen sitzen nämlich auf jedem Tier. Erst wenn die körpereigene Abwehr Lücken zeigt, kann sich eine Erkrankung entwickeln.
„Wir müssen Lunas Immunsystem stärken", erkläre ich Sascha. Doch das genügt nicht. Beim Hautpilz unserer Haustiere handelt es sich um

Zoonosen. Das bedeutet, dass wir Menschen uns damit anstecken können. Auch deswegen ist es wichtig, die Belastung durch Pilzsporen zu minimieren, die monatelang in der Umgebung verbleiben können. Daher empfehle ich vorübergehend verstärkte Hygiene. Für die Wohnungsreinigung eignet sich ein Dampfreiniger oder ein Ozongerät. Ins Putzwasser sollte man immer einen guten Schuss Apfelessig geben – Pilze hassen Saures.
„Wenn Luna nichts dagegen hat, kannst du sie täglich mit einem feuchten Waschlappen abwischen. Nimm dafür ebenfalls stark verdünnten Apfelessig", weise ich Sascha an. Mit dieser Maßnahme lässt sich ein Teil der auf der Katze verbleibenden Pilzsporen eliminieren, ohne das Tier mit Baden zu stressen. Eine lokale antimykotische Wirkung bieten uns auch Lavendelöl oder frischer Knoblauch. Mit einem Tropfen des puren Öls oder der feuchten Schnittfläche einer Knoblauchzehe lassen sich im Akutfall die sichtbar betroffenen Stellen abtupfen.
Eine sechswöchige Kur für Lunas Immunsystem bringt den Durchbruch.
Ein Jahr später zeigt sich Luna weiterhin gesund und glänzend. Von neuer Dermatomykose keine Spur.

Verletzungen

Bei frischen Verletzungen bietet uns die Natur einfache und effektive Hilfsmittel. Zum Auswaschen einer Wunde ist Kamillen- oder Salbeitee gut geeignet, beide haben einen desinfizierenden Effekt.

Bei schlecht heilenden Wunden regt eine Paste aus Ackerschachtelhalmpulver die Selbstreparatur an. Auch Salbeitee unterstützt die Heilung von kleinen Hautläsionen.
Wenn wir uns unterwegs verletzen, finden wir mitten im Grünen sogar verschiedene Pflaster: Einige Blätter vom Spitzwegerich oder Blüten vom Gänseblümchen leicht anquetschen und ein-

fach auf die Wunde legen. Die Pflanzensäfte wirken entzündungshemmend und blutstillend.
Die sich schließende Wunde behandeln wir mit Johanniskrautöl, das ebenfalls eine bakterielle Besiedelung verhindert, die Wundheilung fördert und der Wucherung von Narbengewebe vorbeugt.
Es versteht sich von selbst, dass wir großflächige, tiefe oder stark blutende Wunden umgehend tierärztlich versorgen lassen.

Liegeschwielen

Kianos Elefantenhaut

„Weil er immer draußen auf dem Betonboden liegen will!" Besorgt zeigt mir Brigitte die Vorderbeine ihres Schäferhundes Kiano. Die Haut an den Ellbogen ist dick und verhornt. Fell wächst dort schon lange nicht mehr.
Je größer, älter und schwerer der Hund, desto ausgeprägter bilden sich Liegeschwielen. Die dick verhornte Haut ist vorwiegend an den Ellbogengelenken zu finden, vermehrt bei Hunden, die gerne auf hartem Grund liegen. Im Prinzip ist diese „Elefantenhaut" nichts Gefährliches. Nur wenn sie zu hart und trocken wird, kann sie aufreißen. Dann können Krankheitserreger einwandern und üble Entzündungen verursachen. Bei Kiano sind bisher keine Risse aufgetreten. Damit das so bleibt, soll Brigitte die Liegeschwielen täglich mit einer Ringelblumensalbe massieren. Ebenfalls geeignet ist Honigsalbe sowie Ringelblumen- oder Johanniskrautöl. Das Abschlecken sollte vermieden werden.

Die besten Vitalpilze für Hautprobleme

Chaga eignet sich für die äußerliche Behandlung von Wunden und Verbrennungen. Man übergießt etwa 10 Gramm des Pilzes mit ¼ Liter Wasser und lässt den Tee gut 2 Stunden ziehen. Der Tee lindert Juckreiz und Brennen. Fertig zu kaufen gibt es Chaga-Tinktur und alkoholischen Extrakt.

Daneben gibt es verschiedene Cremes und Repair-Salben auf Basis des Zunderschwamms.

Ansonsten arbeitet man mit der Mykotherapie ausschließlich über die innere Anwendung:
Der Hautstoffwechsel wird besonders gut unterstützt durch die Nahrungsergänzung mit ABM und Auricularia, die auch bei Allergikern zum Einsatz kommen.
Reishi kann bei Juckreiz helfen, denn es hat eine kortisonähnliche Wirkung und hemmt die Histaminausschüttung.

Ein starkes Herz, ein robuster Kreislauf und ein hellwaches Gehirn

KAPITEL 7

Probleme mit Herz und Kreislauf

Immer wieder finde ich bei Hunden und Katzen, die aus ganz anderen Gründen zu mir kommen, als Nebenbefund eine leichte Herzschwäche. Das liegt vorrangig daran, dass die meisten Patienten einer Tierheilpraxis älter sind, was degenerative und altersbedingte Erkrankungen sowie ermüdende Organe mit sich bringt. Als therapiebedürftig sehen viele Tierärzte Herzinsuffizienzen erst, wenn sie symptomatisch werden und das Tier mangelnde Ausdauer, Ödeme oder Herzhusten präsentiert. Ich rate bei in die Jahre kommenden Klienten immer dazu, im Vorfeld das Herz zu unterstützen, damit es lange seine Schlagkraft erhält.

Dumbledore kann nicht toben

Natürlich gibt es angeborene Herzleiden auch im Tierreich. Der Russisch-Blau Kater Dumbledore zum Beispiel war schon als Jungspund deutlich weniger leistungsfähig, als seine Schwester. Sein Temperament war bescheiden, sein Appetit ließ zu wünschen übrig. Und während Divina nach einiger Spiel-

zeit unermüdlich über Tische und Bänke sprang, saß Dumbledore hechelnd in seiner Kratzbaum-Höhle. „Das muss doch einen Grund haben", forderte sein Frauchen.
Untersuchungen beim Tierarzt ergaben keine Auffälligkeiten. Lunge und Bronchien waren unauffällig. Der Verdacht auf eine Herzerkrankung konnte nicht sicher bestätigt werden. Daher scheute der Veterinär den Beginn einer medikamentösen Therapie und riet zur alternativen Unterstützung.
Und tatsächlich: Schon wenige Tage nachdem Dumbledore einen Weißdorn-Tee ins Futter bekommen hatte, erholte er sich zusehends. Leider verweigerte er bald den bitteren Geschmack. Wir wechselten daher zu einer homöopathischen Verarbeitung, die er problemlos dauerhaft einnimmt. Eine Kur mit Präparaten aus der Organotherapie tat ihr Übriges. Inzwischen ist Dumbledore ein kräftiger Kater, der seine Schwester unermüdlich zu wilden Tobereien auffordert.
Vom Weißdorn, der zentralen Heilpflanze bei Herzschwäche, zehren ältere Tiere. Sie wirkt stärkend auf Herz und Kreislauf und ist begleitend zur Behandlung von Herzerkrankungen mit „richtigen Medikamenten" wertvoll. Hier kann in Absprache mit dem behandelnden Tierarzt häufig die Dosis der Arzneimittel verringert werden.

Schlaganfall? Vestibularsyndrom!

„Mein Hund hatte einen Schlaganfall", war die Ankündigung am Telefon. Als Bettina in meine Sprechstunde kam, hatte sich ihre 14jährige Pudelhündin Alina glücklicherweise schon wieder einigermaßen erholt. Bettina schilderte, was geschehen war: „Alina konnte sich kaum auf den Beinen halten, sie torkelte, als wäre sie betrunken. Beim Versuch zu laufen drehte sie sich im Kreis und fiel auf die Seite. Ihre Augäpfel zitterten hin und her. Und ihr war schlecht. Mir zuliebe hat sie etwas gefressen, das aber gleich wieder erbrochen."
Inzwischen hatte sich die Hundehalterin informiert und wusste, dass Alina in Wirklichkeit keinen Schlaganfall hatte.

Was Bettina mir beschrieb, war typisch für ein Vestibularsyndrom. Das ist eine der häufigsten neurologischen Erkrankungen von Hunden und Katzen und resultiert aus Durchblutungsstörungen im Gleichgewichtsorgan. Die akute Behandlung ist Klinik-Angelegenheit, die Prognose ziemlich gut. Beim Tierarzt bekam Alina sofort Medikamente über einen Tropf. Jetzt, eine Woche später, merkt man der Pudeldame nichts mehr an.
Wichtig ist, erneuten Anfällen vorzubeugen. Dazu eignet sich Ginkgo biloba

aufgrund seiner durchblutungsfördernden Wirkung, die bis in die kleinsten Gefäße reicht. Ginkgo kann alleine eingesetzt werden, gerade in der Geriatrie mache ich aber gute Erfahrungen mit Kombinationen aus durchblutungsförderndem Ginkgo, herzstärkendem Weißdorn und der kreislaufstützenden Mistel (z.B. Vicano Heart Beat von Dr. Hölter oder Cefavora von Cefak). Alina fand mit dieser Hilfe zu ihrer alten Form zurück.

Auch Tiere leiden unter Demenz

Eine Demenz bei Hunden und Katzen ist genauso wenig heilbar wie die bei Menschen. Die Natur bietet uns Mittel, um die Symptome zu lindern, eine Ver-

schlimmerung hinauszuzögern und die Kognition zu stabilisieren. Es gibt, wie immer in der Medizin, keine Garantien. Eine Studie aus 2002 zeigt aber, dass eine mit Antioxidantien angereicherte Ernährung (Vitamin E und C, L-Carnitin, Liponsäure, Gemüseauszüge) bei Hunden den altersbedingten Lerngeschwindigkeitsrückgang deutlich reduziert. Andere Forschungen ergeben eine signifikante Reduktion von Alterserscheinungen sowie die Verbesserung von kognitiven Fähigkeiten durch die Nahrungsergänzung mit Ginkgoextrakt. Das ist auch eine Erfahrung, die ich häufig bei Grauschnauzen in meiner Praxis mache.

Nala verliert die Orientierung

Zum Beispiel bei Nala. Die kleine Ratero-Hündin besuchte mich erstmals im Alter von 15 Jahren, um durch Akupunktur ihre Verspannungen im Rücken lindern zu lassen. Im Laufe des Anamnesegesprächs fand ich heraus, dass Nala seit einiger Zeit erste Anzeichen einer Demenz zeigte. Sie stand planlos im Zimmer, verwechselte die Türseiten und bellte grundlos, aber ausdauernd. Ihre Besitzerin freute sich über meinen Vorschlag, versuchsweise Ginkgo und L-Carnitin zu verabreichen, und war auch sofort bereit, die Ernährung zu optimieren. Anstatt eines Dosenfutters wanderte jetzt Frischfleisch in den Napf, darunter Herz und Leber aufgrund des hohen Liponsäuregehaltes. Dazu gab es an vitaminreiche Gemüsesmoothies und einen Teelöffel Lachsöl.
Wegen ihres Bewegungsapparates kam Nala monatlich in meine Praxis, und jedes Mal dankte mir ihr Frauchen überschwänglich: „Du hast Nala wieder jung gemacht!" Ich gebe zu, sie hat übertrieben. Aber Nalas Demenzanzeichen verringerten sich deutlich und blieben lange Zeit fern. Nala wurde 18 Jahre alt.

Die besten Vitalpilze für Herz, Kreislauf und Gehirn

- Eine herzstärkende Wirkung beobachten wir bei Cordyceps, ABM und Coriolus.
- Auricularia verbessert die Fließeigenschaften des Blutes.
- Auch Reishi verbessert die Sauerstoffaufnahme des Blutes und entlastet das Herz. Dieser Pilz kann wegen seiner beruhigenden Wirkung auch bei Tieren mit demenzieller Unruhe eingesetzt werden,...
- ... gerne zusammen mit Hericium, der das Nervensystem stärkt.

KAPITEL 8

Klare Augen und scharfe Ohren

Was Augenprobleme angeht, verbietet sich jede Selbstbehandlung, solange diese nicht mit dem Tierarzt besprochen ist. Grundsätzlich ist bei Symptomen an den Sehorganen unbedingt eine Diagnose notwendig. Verzögerungen und Falschbehandlungen können Schäden hervorrufen, die nicht reparierbar sind.

Bindehautentzündung

Die Entzündung der Bindehaut kann unterschiedlichste Ursachen haben. Tritt sie in Zusammenhang mit einer Infektion auf (z.B. Katzenschnupfen, Zwingerhusten), muss neben der lokalen Behandlung die Grunderkrankung therapiert werden. Eine häufige Konjunktivitis kann auf eine Allergie hinweisen. Ist nur ein Auge symptomatisch, ist eine Untersuchung auf Verletzung oder Fremdkörper nötig. Bei einem leichten Verlauf wirken sanfte entzündungshemmende Tees Wunder. Geeignet ist Tee aus Fenchelsamen, Kamillenblüten oder Himbeerblättern. Wenn wir in dem noch heißen Tee eine Prise Salz auflösen, wird die Anwendung angenehmer. Damit keine Schwebstoffe ins Auge kommen, lassen wir den Tee vor Anwendung zweimal durch einen Kaffeefilter laufen. Wir legen dann für wenige Minuten eine mit handwarmem Tee getränkte Kompresse auf jedes Auge. Auf die gleiche Art und Weise kann Augentrost-Tee – nomen est omen – lokal angewendet werden. Viele Tierbesitzer bevorzugen Fertigpräparate in Form von Euphrasia-Augentropfen. Entzünden sich die Bindehäute durch eine Erkältung, lindert eine Dampfinhalation mit Kamille (sh. Seite 73) auch die Probleme in den Augen.

Othämatom

Hat der Hund im Ohr Juckreiz und schüttelt deswegen häufig und heftig den Kopf, bildet sich manchmal eine Einblutung in den Behang, ein sogenanntes Blutohr oder Othämatom. Hier können wir Auflagen mit verdünnter Arnikatinktur anwenden, ergänzt durch Arnikasalbe. Natürlich muss der Grund für das Schütteln abgestellt werden. Bis zur Ausheilung sollte das Ohr durch einen Verband am Kopf fixiert bleiben, damit die innere Blutung zur Ruhe kommt. Das aber sollten Sie sich von einem Therapeuten zeigen lassen.

Otitis

Äußerlich sehen wir Schmutz in den Ohren. Vermutlich schüttelt unser Tier häufig den Kopf, ist möglicherweise schmerzempfindlich bei Berührung. Vielleicht kratzt es sich auch auffallend oft an oder unter den Ohren. So sieht die Symptomatik einer Entzündung des äußeren Gehörgangs aus, einer Otitis externa. Sie tritt meistens beidseitig auf. Wenn nur eine Seite Probleme macht, könnte ein Fremdkörper im Gehörgang stecken. So oder so – ein Therapeut sollte sich den Gehörgang ansehen, bevor wir zu Hause zur lindernden Tat schreiten. Denn wenn das Trommelfell beschädigt ist, können Ohrenspülungen Schaden anrichten. „Der hat Ohrmilben", heißt es oft, wenn Schmodder aus dem Ohr kommt. Diese kleinen Parasiten sind nicht immer verantwortlich. Allerdings werden sie leicht von Tier zu Tier übertragen, weswegen die Behandlung schnell erfolgen sollte. Der Tierarzt wird dies mit einem Spot on machen, so wie er auch gegen andere

Ektoparasiten vorgeht.
Sind keine Milben erkennbar, müssen wir nach anderen Ursachen forschen. Immer wiederkehrende Entzündungen weisen auf Allergien hin. Aber auch Schilddrüsenprobleme und therapieresistente Pilzinfektionen sind denkbar.

Bodos schlimme Ohren

Ein Beispiel ist mein eigener Hund Bodo. Der Jack Russell-Mix kam im Alter von drei Jahren aus dem Tierheim zu mir und brachte leichten Juckreiz und eine beidseitige Otitis mit, die jedem Behandlungsversuch trotzte. Offenbar hatte er schon länger damit zu tun und muss in dem Zusammenhang schmerzhafte Erfahrungen gemacht haben, denn ohne Narkose war eine Untersuchung mit dem Otoskop nicht durchführbar.
Bei Bodo war eine Futtermittelallergie die Ursache. Durch einen Bluttest fanden wir heraus, dass sein Immunsystem Geflügel und Lamm als unverträglich einstufte und darauf mit einer lokalen Entzündung in den Gehörgängen reagierte. Nachdem wir seine Ernährung umgestellt hatten, heilten die Ohren in

kürzester Zeit komplett aus. Inzwischen hat Bodo auch die Angst besiegt und lässt brav tief blicken.
Manche Hunde haben anatomisch unglücklich angelegte und daher schlecht belüftete Gehörgänge, so dass sich auf den Schleimhäuten immer wieder Bakterien oder Pilze ansiedeln und vermehren. Hunde mit langen Schlappohren sind dafür disponiert.

So bleiben die Ohren gesund

Hier ist eine regelmäßige Säuberung mit leicht keimwidrigen Wirkstoffen eine gute Vorbeugung. Geeignet sind Kamillenöl, Johanniskrautöl oder Ringelblumenextrakt. Die Öle mischen wir gutem Olivenöl (1 : 3), den Ringelblumenextrakt mit Wasser. Bei Pilzen (z.B. Hefepilze wie Malassezia) ist verdünnter Obstessig hilfreich.
Wir träufeln mit einer Spritze ohne Nadel 2 bis 5 Milliliter der Lösung in den Gehörgang und massieren anschließend den Bereich unter dem Ohransatz. Idealerweise hören wir dabei ein schmatzendes Geräusch. Danach heißt es: „Zurücktreten!" – denn unser Tier schüttelt sich und befreit dadurch den Gehörgang von der Flüssigkeit und dem Ohrenschmalz.
Die Ohrmuschel können wir mit einem Tuch mit Kamillentee auswischen. Es ist keine gute Idee, mit Wattestäbchen im Ohrloch zu werkeln. Das kann für den Vierbeiner schmerzhaft sein, außerdem schiebt sich so leicht der Schmutz noch tiefer in den Gehörgang.

Frei durchatmen

Halsentzündung

Nur selten kommt es bei Hunden und Katzen zu Halsentzündungen. Das kann eine Co-Infektion von anderen Erkrankungen der Atemwege sein oder eine Folge von anhaltendem Bellen oder Schreien.

Paris schreit um Hilfe

Zwergdackel Paris hatte es mal wieder geschafft – auf dem Spaziergang hatte sie die Biege gemacht, war einfach weg. Ihre Familie suchte stundenlang, bis in den Abend hinein. Am nächsten Morgen, noch immer war nichts von Paris zu sehen oder zu hören, erreichte Mutter Sabine das Tierheim und wurde sofort angeherrscht: „Ihr Hund ist seit gestern Abend hier. Warum rufen Sie jetzt erst an?" Sabine entschuldigte sich: „Da lief nur ein Band, und ich dachte, Ihre Mobilnummer ist nur für Notfälle." – „Dieser Hund IST ein Notfall! Noch nie hat ein Hund hier so laut und ausdauernd geschrien!"
Als Sabine im Tierheim eintraf, war allerdings nicht mehr viel von Schreien zu hören. Paris bekam nur noch krächzende Laute heraus, so heiser war sie. Vom Tierheim aus ging es dann gleich in meine Praxis. Linderung verschafften wir der kleinen Dackeldame, indem wir ihrem Futter einen warmen Salbei-Kamillentee beigaben, natürlich mit Honig. Dieser sorgt nicht nur dafür, dass die Kräutermedizin schmeckt und vom Patienten aufgenommen wird, er verstärkt auch die systemische Wirkung der Heilpflanzen. Dazu lindert Honig die gereizten Hals- und Rachenschleimhäute. Ich riet Sabine: „Der Effekt lässt sich verbessern, indem wir einen Kalt-

KAPITEL 9

auszug der bekannten 'Schleimdrogen' Malve oder Eibisch zufüttern. Auch ein Schal um den Hals tut deiner Kleinen jetzt gut." Ruhe, Wärme und viel Liebe ergänzten die Therapie.

Achtung: Sind die Lymphknoten dick geschwollen, ist das Allgemeinbefinden schlecht, ist das Tier vielleicht sogar fiebrig? Dann könnte hinter der Halsentzündung eine bakterielle Infektion oder Mandelentzündung stecken, die vom Tierarzt behandelt werden muss.

Extra: Kennen Sie die Vitalfunktionen?

Die normale Körpertemperatur liegt beim Hund bei 38,0 bis 39,0 Grad. Katze: 38,5 bis 39 Grad. Bei Welpen und Aufregung kann die Temperatur bis zu 0,5 Grad höher sein. Gemessen wird rektal. Eine trockene, kalte Nase lässt keinen verbindlichen Rückschluss auf die Körpertemperatur zu.

Die Atemfrequenz: 10 bis 30 Atemzüge pro Minute sind bei Hunden normal. Je größer das Tier, desto langsamer atmet es ein und aus. Katzen zeigen 20 bis 40 Atemzüge pro Minute. Stress, körperliche Anstrengung oder hohe Umgebungstemperaturen lassen die Atemfrequenz ansteigen. Im Ruhezustand sollten Hunde und Katzen nicht hecheln.

Herzschlag und Puls: 70 Schläge fühlt oder hört man beim großen Hund, bei sehr kleinen pumpt das Herz bis zu 130mal pro Minute. Das normale Tempo bei Katzen liegt bei 80 bis 120 Schlägen pro Minute.

Rhinitis (Schnupfen)

Schnupfen beim Hund ist eine eher seltene Erscheinung. Wenn aber viel Ausfluss aus der Nase kommt, achten wir zunächst darauf, ob nur eine Seite betroffen ist. Das könnte auf eine Nebenhöhlenentzündung hinweisen (Sinusitis), auf einen Tumor oder auf einen Fremdkörper in den oberen Atemwegen. Zu den Fremdkörpern gehören im Frühjahr und Sommer zum Beispiel Grannen, die spitzen Ähren von wilden Getreide- und Grashalmen. Diese setzen sich mit kleinsten Widerhaken in der Nase (und gerne auch tief in den Ohren) fest und lösen schmerzhafte Entzündungen aus. Eine andere mögliche Ursache für einseitigen Nasenausfluss kann ein entzündeter Zahn sein. Keine Frage, wenn es aus einem Nasenloch tropft, muss der Grund dafür umgehend vom Tierarzt geklärt werden. Der normale Schnupfen beim Hund ist fast immer eine Begleiterscheinung von anderen Erkrankungen. Dazu können sehr schwere Virusinfektionen gehören. Wenn sich also das Allgemeinbefinden verschlechtert, verzichten wir auf den Griff in unsere Kräuterküche, bis der

Tierarzt sein Okay gibt.
Dann aber gibt uns die Natur beste Hilfsmittel in die Hand, die unserem Hund sowohl bei Rhinitis als auch bei Sinusitis helfen. Innerlich wirkt ein Tee aus verschiedenen Kräutern, die man nach Bedarf kombinieren darf:

- **Anis** - krampflösend, auswurffördernd
- **Fenchel** – antibakteriell, schleim- und krampflösend
- **Kamille** – abschwellend, antimikrobiell, immunstärkend, beruhigend
- **Salbei** – entzündungshemmend, auswurffördernd, virustatisch, hemmt Pilzvermehrung
- **Schafgarbe** – entzündungshemmend, krampflösend, appetitanregend

Inhalationen

Eine wichtige lokale Wirkung erreichen wir durch eine Dampfinhalation. Hierfür eignet sich besonders die Kamille, denn sie entfaltet große Heilkraft, ohne unser Tier durch einen zu hohen Anteil von ätherischen Ölen zu verschrecken oder seine Augen zu reizen.

So geht's:

Ein großer Hund genießt seine Inhalation sitzend auf dem Fußboden. Wir stellen eine Schüssel mit sehr heißem Wasser vor ihn und geben einige Tropfen Kräuteressenz oder -tinktur hinein. Alternativ verwenden wir den frisch aufgebrühten, noch dampfenden Tee. Jetzt decken wir ein großes Badetuch über Schüssel und Hund. Natürlich müssen wir sicherstellen, dass der Patient weder den Behälter umstößt noch sich aus Neugierde die Nase verbrüht. Zur Sicherheit setzen Sie sich mit Ihrem Hund unter das Tuch. Keine Sorge, ein Kamillendampfbad ist gut für Atemwege und Haut! So kontrolliert man gleichzeitig, ob Temperatur oder Konzentration zu hoch sind.
Ein kleinerer Hund oder eine Katze inhaliert in einem Gitterkäfig oder auf einem Stuhl mit löchriger Sitzfläche (etwa aus Geflecht oder Draht). Darunter wird die Schüssel mit dem Inhalat platziert. Eine Wolldecke oder ein großes Badehandtuch darüber ausgebreitet sorgt dafür, dass das Tier den Dampf einatmen muss. Es gibt Hunde und selbst Katzen, die sich auf Inhaliergeräte mit Atemmaske konditionieren lassen.
Die Inhalation mit Kamille ist für unsere Haustiere hilfreich bei jeder Erkrankung der oberen Atemwege.

Katzenschnupfen

Hatschi! Unter unseren Samtpfoten ist der Katzenschnupfen ein großes Thema. Davon spricht man bei verschiedenen Erkrankungen der oberen Atemwege und Schleimhäute. Die Symptome können heftig sein. Meist sind Nase und Augen mit eitrigen Exsudaten verklebt. Man hört beim Atmen des Tieres die Schleimansammlung und die geschwollenen Atemwege, es quietscht, pfeift oder rasselt. Manche Tiere bekommen nur noch mit offenem Mund Luft. Diese Kranken zeigen sich apathisch und fressen nicht mehr – und sind umgehend ein Fall für den Tierarzt.
Bei einer leichteren Infektion ist ein- bis zweimal täglich eine zehnminütige Inhalation zu empfehlen. Die Therapie optimieren wir durch einen milden

Kräutertee aus Kamille, Salbei und Malve, der lauwarm über jede Futterration gegeben wird.
Auslöser für Katzenschnupfeninfektionen sind verschiedene Viren, Bakterien und Mykoplasmen. Die meisten sind leicht übertragbar. In Katzenkolonien und Tierheimen mit großer Population und viel Stress findet man häufig seuchenartige Ausbrüche. Weniger gefährdet sind unsere gut gepflegten Samtpfoten zu Hause. Bei Welpen muss man aufpassen, bei ihnen führen diverse Katzenschnupfen-Erreger zur Chronifizierung. Ihre Immunabwehr schafft es nicht, die Viren komplett aus dem Körper zu verbannen. Betroffene Tiere leiden ihr Leben lang immer wieder unter Schnupfen, Bronchitis, Asthma oder Augenentzündungen, auch im Mundraum können sich Entzündungen ausbreiten.
Hier ist es besonders wichtig, das Immunsystem zu stabilisieren, damit es die Erreger in Schach halten kann. Das beginnt bei hochwertigem Futter, das wir mit Gemüse und Kräutern anreichern, die viele Antioxidantien mitbringen. Regelmäßige Immun-Kuren (Seite 43) helfen zusätzlich. Und da ein Großteil der Immunzellen im Darm sitzt, achten wir auf eine wehrhafte Gesundheit des Mikrobioms. Ganz wichtig ist es, schon leichte Anzeichen einer Schnupfensymptomatik mit den bewährten Kräuterrezepten zu bremsen, damit sich die Erkrankung gar nicht erst wieder ausbreitet und festsetzt.

Einstein bleibt empfindlich

So geht auch Katharina vor, die ihren Kater Einstein auf Mallorca an einer Mülltonne fand. Damals war er etwa

zwölf Wochen alt. „Er war total verrotzt, röchelte und hatte verklebte Augen", berichtete sie. „In der Tierklinik kam er gleich auf die Quarantänestation. Zum Glück konnten sie ihn retten, und sogar seine Augen sind gesund!" Heute ist Einstein acht Jahre alt und dank intensiver Pflege ein wunderschöner kräftiger Karthäuser-Mischling mit tiefenentspanntem Temperament. Als Katharina vor sechs Jahren in meine Praxis fand, war ihr klar: „Der Einstein wird nie ganz gesund sein. Aber ich wäre super froh, wenn wir nicht weiterhin bei jedem Niesanfall vorsichtshalber zu Antibiotika greifen müssten."

Einsteins Behandlung:

Wir machten zuerst eine grundsätzliche Darmsanierung mit Immunaufbau. Dann entwickelten gemeinsam einen Langzeit-Schlachtplan, der sich in den Alltag der Katzenmama einfügt und Kater Einstein nicht stresst. Zweimal jährlich genießt Einstein eine unspezifische Immunkur (siehe Seite 43). Eine zusätzliche sanfte Entgiftung mit Huminsäuren pflegt die Darmschleimhaut und damit das darmassoziierte Immunsystem.
Wenn Katharina das Gefühl hat, dass sich bei Einstein doch wieder ein Infekt entwickelt, setzt sie sofort auf die bewährte Kombination aus Kamillen-Dampfinhalation und Kräutertee. Nur einmal in den vergangenen Jahren sprach der Kater nicht sofort drauf an und wir mussten Einsteins körpereigener Abwehr mit Thymuspräparaten aus der Organotherapie einen zusätzlichen Schubs geben. Ein Antibiotikum hat er bisher nicht wieder gebraucht.

Husten

Gleich vorab: Wenn ein Hund einen Husten ohne weitere Symptome entwickelt, gehört er zum Tierarzt. Es kann eine Herzerkrankung, ein Tumor oder ein Lungenwurmbefall dahinterstecken, und das muss abgeklärt werden. Natürlich gibt es auch Erkältungshusten bei unseren Hunden. Meistens spricht man hier von Zwingerhusten, dem Oberbegriff für Erkrankungen der oberen Atemwege. Die viralen Erreger sind leicht übertragbar, eine Infektion etabliert sich aber nur bei Tieren mit schlechter Immunabwehr. Zwingerhustenausbrüche kommen deswegen immer dort vor, wo viele Hunde in stressiger Umgebung aufeinandertreffen: Tierheim oder -pension, Hundeausstellung, Sportveranstaltung. Ein gesunder Hund braucht nur wenig Hilfe, um binnen maximal zwei Wochen gesund zu werden. Meist bleibt das einzige Symptom ein trockener Husten. Jungtiere und Hunde mit Immunschwäche können allerdings schwer erkranken mit Sekundärinfektionen wie Schnupfen, rasselnder Bronchitis, Fieber und Lethargie.

July hustet sich die Seele aus dem Leib

Ich erinnere mich voller Liebe an July, eine etwa einjährige Border Collie Hündin. Mit 40 Grad Fieber, rasselndem Atem und schmerzendem Brustkorb durften wir sie aus dem Tierheim mitnehmen, in dem sie ganz sicher innerhalb der nächsten Tage gestorben wäre, auch weil das Leben für sie in dieser

Zwingeranlage nicht lebenswert war. Angesichts ihrer dramatischen Symptomatik – eine Lungenentzündung war nicht auszuschließen – ließ ich sie sofort antibiotisch behandeln. Schon am nächsten Morgen latschte July hüstelnd mit einem Spielzeug im Maul durch den Garten – sie wollte wieder leben. Ihre nachhaltige Erholung erreichten wir durch eine Kombination aus Homöopathie und Phytotherapie.
Ein Hund mit einer Zwingerhustenerkrankung sollte zu seinen Artgenossen Abstand halten, da einige der Erreger höchst infektiös sind. Ich habe übrigens in meiner langen Zeit auf Mallorca mehrfach Pflegehunde übernommen, die aus dem Tierheim einen heftigen Zwingerhusten mitbrachten. Wir hatten zu Hause keine Quarantänestation, doch nie hat sich einer meiner eigenen Hunde angesteckt, was für ihr stabiles Immunsystem spricht. Trotzdem sollte jeder wegen der Ansteckungsgefahr vorsichtig bleiben. Bei unseren erkrankten Neuankömmlingen dauerte die Heilungsphase teilweise sehr lang. July hatte glücklicherweise einen gesunden Appetit und ließ sich durch Salbei-Thymiantee und einem Auszug aus Isländisch Moos in ihrem Futternapf nicht irritieren. Eine je zweiwöchige Kur mit Sonnenhut und Katzenkralle gaben ihrem Immunsystem den nötigen Anstoß, sodass auch die Hautpilzerkrankung am Hals ausheilte, ein Relikt aus ihrer Vergangenheit als Kettenhund. Wenige Wochen nach der Ankunft bei uns lernte ihre neue Familie July kennen: Eine rundum gesunde, verspielte und temperamentvolle Hündin, der man ihre traurige Herkunft nicht mehr anmerkte.

Diese Kräuter helfen bei Husten

Gegen den trockenen Husten setzen wir schleimhaltige Kaltauszüge von Eibisch, Malve oder Isländisch Moos ein. Dadurch legt sich ein schützender Film auf die Schleimhäute. Ein reizlindernder Tee mit Salbei hemmt die Vermehrung der Viren und Bakterien auf den Schleimhäuten. Mit einem Löffelchen Honig schmeckt er auch mäkeligen Hunden. Oder wir mischen den Tee mit diesem selbstgemachten reizlindernden Hustensaft: eine Handvoll frischer Spitzwegerichblätter klein schneiden, mit wenig Wasser kurz aufkochen, pürieren und noch warm mit viel Honig mischen. Davon kann unser Hund je nach Größe dreimal täglich einen halben bis einen Teelöffel schlecken.

Hören wir Atemgeräusche wie Rasseln oder Giemen, hat sich der Husten schon weiterentwickelt. Jetzt geht es darum, das Abhusten zu fördern, damit sich die Bronchien vom zähen Schleim befreien können. Ideal dafür ist Thymian, denn er löst Verkrampfungen der Atemwege und den Schleim, regt die Flimmerhärchen an und ist keimtötend. Thymian ist auch ein wirkungsvoller Zusatz für Inhalationen. Wenn aber schon die Bronchien betroffen sind, nützt eine Dampfinhalation nichts, dann sollte man ein spezielles Ultraschallgerät einsetzen, wie es auch von menschlichen Asthmatikern genutzt wird.

Asthma

Uno ringt nach Luft

Asthma ist beim Hund eine sehr seltene Erscheinung, bei ihm toben sich Allergien eher an der Haut und im Darm aus. Bei der Katze hingegen kennt man die Erkrankung recht gut. Auch bei Kater Uno hatte der Tierarzt ganz klar Felines Asthma diagnostiziert. Uno hatte fast jede Woche einen Anfall, bei dem er um Luft ringend apathisch auf seinem Sessel saß.

Bei einem Asthmaanfall kommt es durch ein krampfartiges Zusammenziehen des Bronchialmuskels zu Atemnot. Dabei setzen sich die Atemwege mit Schleim zu, was die Atmung zusätzlich behindert. Wichtig bei der Behandlung sind also Drogen, die entkrampfen, den Schleim lösen und seinen Abtransport unterstützen. Sehr gut geeignet wäre hier der Thymian, nur leider sind seine ätherischen Öle für Katzen unverträglich. Besser fahren wir mit der guten, alten Kamille, die sanfter daherkommt und dennoch auswurffördernd und krampflösend agiert. Da bei Atemnot immer Angst aufkommt, ist das beruhigende und angstlösende Potential der Kamille ein zusätzlicher Pluspunkt.

Da Eibischblätter eine antiasthmatische Wirkung haben, empfahl ich Katzenma-

ma Maria, damit Unos Tee zu boostern. Uno bekam über jede Mahlzeit zwei Teelöffel des Kamillen-Eibisch-Tees. Dazu verordnete ich eine Inhalationstherapie. Möglichst täglich sollte ein Ultraschallvernebler mit Kochsalzlösung und etwas Kamillenzusatz zum Einsatz kommen. Wenn die Samtpfote die Prozedur akzeptiert, kann man damit versuchen, seltenere und sanftere Attacken zu erreichen.
Uno machte mit. Er schien sofort zu merken, dass die Inhalationen seine Probleme linderten. Tatsächlich litt er immer seltener unter den Asthma-Anfällen. Wenn Maria ihn wieder einmal pumpend vorfand, konnte sie ihn recht schnell mit Notfalltropfen (Bachblüten) und einem homöopathischen Komplexmittel beruhigen.
Da wir als Grund für das Geschehen eine Allergie annehmen mussten, begannen wir gleichzeitig eine immunregulatorische Behandlung, damit Unos Immunsystem nicht mehr auf eigentlich harmlose Stoffe überreagierte. Meistens ist leider nicht zu klären, auf welche Umweltstoffe die Katze allergisch reagiert.

Lungenentzündung / Pneumonie

Eine Lungenentzündung gehört immer in die Hände eines Tierarztes. Unterstützung für die Heilung bekommt unser Liebling durch immunfördernde Behandlung (Seite 43). Diese setzen wir nach der akuten Phase fort, damit sich das Tier nach dieser schweren Erkrankung nachhaltig erholt und lange gesund bleibt.

Brachycephalie

Vor allem bei den kurznasigen (brachycephalen) Rassen wie Bulldogge, Mops oder Perserkatze ist eine anatomisch angezüchtete Form der Atemnot weit verbreitet. Ein deutlicher Hinweis darauf sind die Atemgeräusche, das Schnarchen. Zum einen ist das Gaumensegel verlängert und verdickt, zum anderen sind die Nasenlöcher und -höhlen verkürzt. Deswegen hechelt das Tier auch mehr, denn der Temperaturausgleich bei Hunden und Katzen funktioniert über die Verdunstungskälte. Andere Rassen mit „normal" angelegten Nasen mit großer Schleimhautoberfläche erreichen eine Thermoregulation durch normales Atmen. Brachycephale Tiere dagegen müssen schon bei leichter körperlicher Belastung und bei wenig Umgebungswärme hecheln, um die Körpertemperatur zusätzlich über die Maulhöhle zu senken.
Die Beschwerden werden mit der Zeit schlimmer. Der hohe Atemwiderstand durch die zu engen Nasengänge und das überdimensionale Gaumensegel führen mehr und mehr zur Traumatisierung der Gewebe in Rachen- und Kehlkopfbereich. Dieses verdickt sich, was die Atemwege immer stärker einengt.
In vielen Fällen führt eine Operation zu einer spürbaren Verbesserung der Lebensqualität. Hier werden chirurgisch die Strukturen so verändert, dass mehr Atemluft strömen kann. Eine hundertprozentige Normalisierung ist aber auch mit dem besten (Laser-)Skalpell nicht zu erreichen.
Was können wir zusätzlich tun?

- Die altersbedingte Bindegewebserschlaffung können Kräuter mit viel Kieselsäure verzögern. Das kann Ackerschachtelhalm oder Spitzwegerich sein, oder einfach Kieselsäure aus dem Reformhaus. Auch Kollagenhydrolysat stabilisiert bindegewebige Körperstrukturen. Gleichzeitig ist es ein Superfood für die Gelenk- und Wirbelsäulenknorpel (Bandscheiben).
- An heißen Tagen, wenn der Hund viel hechelt, lindert Kamillentee mit Honig die lokalen Schleimhautreizungen. Einfach den abgekühlten Aufguss ins Futter geben.
- Regelmäßige Entgiftungskuren (Seite 43) sorgen ganzheitlich für widerstandsfähige Körpergewebe.

Vitalpilze für Atemwegserkrankungen

- **Cordyceps** ist bekannt für seine Wirkung auf die Atemwege und Stärkung der Lunge. Bei Husten, Asthma und chronischen Bronchitiden gehört er unbedingt mit ins Therapieprogramm. Auch nach einer Lungenentzündung hilft er bei der Regeneration und pimpt gleichzeitig das Immunsystem.
- Eine ähnlich stärkende Wirkung auf Lunge und Bronchien zeigt **Reishi**. Dabei verbessert er die Sauerstoffaufnahme, hemmt Entzündungen und kann Allergien lindern.
- Bei allergischem Asthma setzen wir auf **Enokitake**. Er ist eine gute Wahl bei allen Erkrankungen von Lunge und Atemwegen, und er stärkt die Körperabwehr.
- **Shiitake** ist bei viralen Infektionen der Atemwege ein wichtiger Helfer. Er hilft dabei, den Schleim zu lösen. In der Regenerationsphase nach der Erkrankung hebt er den Energielevel.

Heilkräuter für Magen und Darm

KAPITEL 10

Vorne geht Futter rein und hinten kommt Kot raus – und alle Körperteile, die damit zu tun haben, zählt man zum Verdauungsapparat. Das beginnt bei Maul und Zähnen, dann folgen Speiseröhre und Magen mit Leber und Bauchspeicheldrüse, Dünndarm und Dickdarm und schließlich der Anus mit den Analdrüsen. Erkrankungen rund um den Magen-Darmtrakt sind leider sehr häufig, und viele haben ursächlich mit der Art der Ernährung zu tun. Trockenfutter, in denen mehr pflanzliche Abfallstoffe als hochwertige tierische Proteinträger enthalten sind, belasten auf Dauer nicht nur den Verdauungsapparat, sie sind auch für viele andere Gesundheitsstörungen der zentrale Auslöser. Wer seinen Hund oder seine Katze konsequent mit derartigem Junkfood versorgt – das Wort „ernähren" wäre hier nicht passend – muss sich über die Folgen in Form von chronischen Erkrankungen nicht wundern. Diese betreffen die Stoffwechselorgane, den Bewegungsapparat oder die Haut. Andere Resultate sind ein erhöhtes Risiko für Immunschwäche und Krebs. Auch die Anziehungskraft für Darm- und Hautparasiten steigt bei schlechter Ernährung.

Achten Sie deswegen sorgfältig drauf, was vorne rein geht bei Ihrem Tier. Die Futtermittelindustrie hat sich zwar in den letzten Jahren in Richtung bessere Qualität bewegt. Häufig verspricht der Aufdruck auf der Vorderseite der Verpackung aber deutlich mehr, als der Inhalt halten kann. Darum sollten Sie immer die Deklaration der Inhaltsstoffe lesen, und sei sie noch so klein gedruckt.

Und selbst dort steht nicht immer alles geschrieben, was in dem Futter drin ist. Wer ohne Zweifel wissen will, was in seinen Vierbeiner wandert, sollte sein Futter selbst zusammenstellen. Ob Rohfütterung (BARF – biologische artgerechte Roh-Fütterung) oder selber kochen– beides hat Vor- und Nachteile. Ein versierter Ernährungsberater kann aber in jede gewünschte Richtung unterstützen und verhindern, dass der Vierbeiner unter Nährstoffmangel oder Überversorgung leidet.
Nähere Informationen zur Zusammensetzung von Discounterfuttern stehen auf Seite 52.

Zahnstein und Zahnfleischentzündung

Canela hat Mundgeruch: Zahnstein und Zahnfleischentzündung

Als ich Canelas Maul öffne, kommt mir ein übler Geruch entgegen. Unter einer dicken Schicht harter Beläge sind die Backenzähne kaum zu sehen, das Zahnfleisch ist rot entzündet. Canela ist glücklicherweise eine sehr entspannte Galgo-Hündin. Sie lässt sich das Kraulen ihres Frauchens Tina gefallen, während ich vorsichtig den Zahnstein entferne. Dabei erkläre ich Tina, wie sie durch regelmäßiges Putzen mit speziellen Fingerlingen die Bildung von Zahnstein verhindern kann: „Damit keine neuen Entzündungen entstehen." Denn Zahnfleischentzündungen bei Hunden resultieren meistens aus Zahnbelägen. Zum Abschluss der Reinigung poliere ich Canelas Beißerchen mit Schlemmkreide und zeige Tina, wie sie mit einem abgekühlten Tee und einem Wattestäbchen das entzündete Zahnfleisch betupfen soll: „Du kannst den Aufguss aus Salbeiblättern, Isländisch Moos oder Kamille herstellen. Da die Zähne jetzt wieder sauber und glatt sind, wird ihr Zahnfleisch schnell abheilen."
Auch bei Katzen kann man lokale Entzündungen im Maul mit Salbei- oder Kamillentee behandeln. Wichtig ist aber, die Ursache, die Grunderkrankung zu erkennen und zu heilen. Bei Katzen kommt es häufig zu großflächigen, schmerzhaften Entzündungen des Zahnhalteapparates und der Maulschleimhaut. Autoimmun- und Viruserkrankungen können dahinterstecken. Die Gefahr: Durch Entzündungsprozesse im Maul können Bakterien in den Körper wandern und Nieren-, Leber oder Herzschäden verursachen. Da Katzen Zahnschmerzen lange Zeit verbergen, muss das Gebiss der Katze regelmäßig überprüft werden.

Gastritis und Erbrechen

Lale hat Bauchweh

Sehr glücklich sah Lale nicht aus. Zitternd rollte sie sich auf meinem Praxisboden zusammen. „Sie ist seit gestern so", berichtete Thore. Er erzählte mir, dass seine Dänische Hofhündin sich zurückgezogen hatte, ihr Futter verweigerte, hektisch Gras gefressen hatte und sogar die Möbel abschleckte. Und sie hatte mehrmals Schleim erbrochen. „Das sind typische Symptome für Magenbeschwerden", erklärte ich Thore. Eine Reizung oder Entzündung der Magenschleimhaut kann akut oder chronisch verlaufen. Die Gastritis entsteht durch Faktoren wie Infektionen, falsches Futter, Medikamente (Schmerzmittel!), Stoffwechselerkrankungen oder Stress. Ein typisches Symptom ist unregelmäßiges Erbrechen. Häufig zeigen die Tiere Schmerz, zum Beispiel durch Mattigkeit, Appetitlosigkeit, leeres Schlecken oder Apathie.

Nachdem ich Lale untersucht hatte, bestätigte sich mein Verdacht auf eine schmerzhafte Gastritis. „Sie hatte das schon einmal", überlegte Thore. „Da hatte sie auf dem Spaziergang irgendwas gefressen. Vielleicht war das gestern auch so, ich hatte sie nicht durchgehend im Blick."
Da Lale keine Vergiftungssymptome gezeigt hatte, erklärte ich Thore, wie er einen magenberuhigenden Tee aus Kamille, Melisse und Pfefferminze aufgießen kann. Diesen sollte er zehn Tage lang übers Futter geben. Zusätzlich würde ein Kaltauszug aus Malvenblüten oder Eibischwurzel durch Schleimstoffe Lales gereizte Magenschleimhaut schützen.
Auf die gleiche Art wirkt Ulmenrinde, außerdem ist sie entzündungshemmend, entgiftend und hilft gegen Übelkeit und Erbrechen sowie gegen Magenübersäuerung. Eine weitere schleimstoffbildende Pflanze ist Isländisch Moos. Durch ihre Bitterstoffe regt sie gleichzeitig den Appetit an.
Neigt Bello oder Miez zu Erbrechen auf nüchternem Magen, sind ebenfalls die schleimbildenden Heilpflanzen anzuwenden, gerne in Kombination mit lauwarmem Kamillentee. Brechreizlindernd wirkt die Pfefferminze. Heilerde oder Huminsäuren im Futter beruhigen den Magen und sorgen für den Abtransport von Toxinen im Darm. Eine chronische Gastritis muss über einen langen Zeitraum behandelt werden, bis sie vollständig ausheilt.

Huminsäuren und Heilerde

Huminsäuren sind organische Bestandteile von Moor, Torf oder Braunkohle, also eine Art Heilerde. Durch ihre spezielle Oberfläche binden sie im Darm Schadstoffe wie Schwermetalle, Pestizide, Herbizide, Medikamentenrückstände und sogar Bakterientoxine an sich und sorgen für ihre Ausscheidung. Bis ganz tief in den Zwischenzottenräumen putzen sie durch. Dabei beruhigen sie die Darmschleimhäute und verringern deren Durchlässigkeit. Für eine Entgiftungskur oder für die Linderung von Magen-Darm-Problemen sind standardisierte Produkte aus der Apotheke empfehlenswert.
Die biochemische Wirkung von Huminsäuren erreicht die einfache Heilerde nicht ganz. Sie bindet aber physikalisch im Darminneren Stoffwechsel- und Darmgifte, überschüssige Magen- und Gallensäure, Bakterien und Pilze. Die winzig kleinen Partikel bewirken eine Mikromassage in Magen und Darm und regen so die Bildung von Verdauungssäften an.

Leberschwäche

Die größte Drüse des Körpers ist zugleich eines der zentralen Entgiftungsorgane – und gerade deswegen so gefährdet. Umweltgifte, mangelhaftes Futter oder Übergewicht belasten die Leber pausenlos. Manchmal wird ihr das alles zu viel, sie erleidet eine Art Burnout und braucht Unterstützung. Leidet Hund oder Katze unter Leberproblemen, benötigt man einen versierten Therapeuten. Neben der Futteroptimierung verhelfen diese Kräuter der Leber zur Genesung:

- Die zentrale Heilpflanze für die Leber und ein Musterschüler für den Leberschutz ist die Mariendistel. Am besten verwendet man ein Fertigpräparat aus der Apotheke oder dem Fachhandel mit standardisierten Wirkstoffen.
- Ebenfalls leberschützend und reich an Antioxidantien sind Bockshornkleesamen.
- Die Bitterstoffe von Löwenzahn und Wermut regen Leber und Galle an.
- Auch die Bitterstoffe von Artischockenblättern beleben den Stoffwechsel und verbessern die körpereigenen Entgiftungsvorgänge.
- Ergänzend eignet sich die Schafgarbe, ein Pflegemittel für den gesamten Verdauungsapparat.
- Ein weiteres Plus ist die leberstärkende Ringelblume.

Bauchspeicheldrüsenerkrankungen

Hier überschreiten wir die Grenze zur Selbsthilfe. Eine schmerzhafte Bauchspeicheldrüsenentzündung, die Pankreatitis, oder die zehrende Bauchspeicheldrüsenschwäche (Pankreasinsuffizienz) gehören immer in die Hände eines Therapeuten.

Durchfall

Von Durchfall (Diarrhö) spricht man, wenn das Tier mehr als dreimal täglich Kot von einer breiigen oder flüssigen Konsistenz absetzt. Durchfall ist zunächst als Schutzmaßnahme des Körpers zu verstehen. Er versucht dadurch, Unverträgliches, Krankheitserreger oder Giftiges so schnell wie möglich auszuleiten. Deswegen sollte man die Diarrhö nicht rabiat unterdrücken, sondern den Körper bei seiner Entgiftung und Selbstheilung unterstützen.

Lilibeth fastet freiwillig

„Aber Lilibeth frisst nichts", klagt Lena. Die kleine Malteser-Dame hat seit gestern mehrmals dünnen Kot abgesetzt. Ich beruhige die Hundehalterin: „Das muss dir keine Sorgen machen. Fasten ist ein instinktiver Schutzmechanismus." Ein angegriffener Darm heilt schneller, wenn er nicht mit weiterer Verdauungsarbeit belastet wird. Solange der nicht vorerkrankte Hund genügend trinkt, darf er gerne ein bis zwei Tage auf Nahrung verzichten. 24 Stunden Nulldiät sind besonders wichtig, wenn ein Hund etwas Unverträgliches verzehrt oder wenn er sich überfressen hat.

Wenn Lilibeth wieder Appetit hat, bekommt sie Schonkost. „Davon gibst du ihr mehrere kleine Portionen täglich." Geeignet ist die Moro´sche Möhrensuppe, insbesondere bei Verdacht auf bakterielle Belastung, oder Kartoffelpüree mit Hüttenkäse. Heilerde oder Huminsäuren darin binden Toxine und beruhigen die Schleimhäute.

In den meisten Fällen ist Durchfall eine ungefährliche Befindlichkeitsstörung, die mit den richtig eingesetzten Mitteln aus der Natur schnell wieder abklingt. Steckt eine Darmentzündung dahinter, hilft Hunden die adstringierende Wirkung der Gerbstoffe aus Eichenrinden-, Walnussblätter-, Schwarz- oder Brombeerblättertee, kombiniert mit Kamillentee. Davon soll auch Lena etwas in Lilibeths Aufbaunahrung geben. „Und wenn es deiner Kleinen besser geht, mischst du langsam wieder ihr normales Futter dazu."

Für Katzen wäre die Nahrungskarenz keine gute Idee. Hier eignet sich eine Schonkost aus gekochtem, magerem, püriertem Geflügelfleisch mit Kartoffelpüree, häufig in kleinen Mengen aufgenommen. Wichtig ist, dass unsere Samtpfote genügend trinkt. In ihr Wasser und Futter mischen wir ein wenig Kamillentee. Gerbstoffdrogen sind für Katzen unverträglich.

Wird der Durchfall von Blähungen begleitet? Dann helfen Kamille, Fenchel, Anis, Pfefferminze oder Kümmel. Wir können sie einzeln nutzen oder mehrere mischen. Für Hunde sind Kombinationen mit Gerbstoffdrogen möglich. Welches Rezept auch immer die Kanne füllt: Den fertigen Tee mischen wir einfach ins Futter, in die Schonkost oder ins Trinkwasser. Schmeckt den Aufguss unangenehm, macht ihn ein Löffelchen Honig unwiderstehlich.

Manche Haustiere entwickeln Durchfall durch Erregung oder Nervosität: Hier geben wir zusätzlich Baldrian. Auch eine Johanniskraut-Kur stärkt die Nerven (siehe S. 17). Ashwagandha verbessert die Stressadaption.

Zum Tierarzt oder Tierheilpraktiker müssen Sie in diesen Fällen:

- Heftiger, wässriger Durchfall
- Durchfall mit Blutbeimengung
- Durchfall mit Abgeschlagenheit oder Fieber
- Der Kot ist nach 3 Tagen weiterhin deutlich zu weich
- Wenn Durchfallschübe immer wieder auftreten

Cody: immer wieder Bauchweh

Gelegentliche Durchfälle sind das eine, chronische Darmerkrankungen können sich aber zu einem endlosen, kräftezehrenden Leiden entwickeln. Wenn Ihr Hund oder Ihre Katze immer wieder Phasen mit weichem oder gar flüssigem Kot durchlebt, ist therapeutischer Rat nötig. Die häufigsten Gründe für derartige Schübe sind Darmparasiten, Bauchspeicheldrüsenprobleme, Futtermittelunverträglichkeiten oder -allergien und chronische Darmentzündungen. Letztere können einen autoimmunen Hintergrund haben. Mithilfe verschie-

dener Untersuchungen kann die Ursache für die Beschwerden festgestellt und eine nachhaltige Behandlung eingeleitet werden.
„Immer wieder Durchfall und Bauchweh", so lautet die Info bei der telefonischen Terminvereinbarung. Der Englische Setter Cody, der sich wenige Tage später in meinem Praxisraum schüchtern hinter sein Frauchen klemmt, ist auch auffallend schlank.
„Wir haben gerade wieder einige Tage mit dem ‚Flotten Otto' hinter uns", erzählt Martina. „Und vermutlich geht es in drei Wochen wieder los."
Der Ablauf sei immer der Gleiche: Cody stellt das Fressen ein und liegt eingerollt auf seinem Platz, er lässt sich zu nichts animieren. Dann beginnt das Bauchkollern. Martina: „Die Geräusche höre ich sogar im Nebenzimmer, bei geschlossener Tür!" Manchmal will Cody dann dringend raus, um hektisch Gras zu fressen, das er schnell wieder erbricht. Einige Stunden später beginnen

stinkende Blähungen, und dann der Durchfall. Erst hell und matschig, bald wässrig mit Schleimfetzen und Blutschlieren.

„Es begann gleich nach seinem Einzug bei uns“, erzählt Martina. Cody kam von einem Tierschutzverein, der Hunde aus Südeuropa vermittelt. „Bei den ersten Attacken sind wir natürlich zum Tierarzt gefahren. Würmer hatte Cody nicht. Er bekam Antibiotika und Spasmolytika, und nach zwei bis drei Tagen war alles gut. Aber es kam immer wieder. Wir stellten dann fest, dass die Anfälle ohne Medikamente nicht länger dauern.“

Sie hatten eine Ausschlussdiät durchgeführt, denn auch eine hartnäckige Ohrenentzündung deutete auf eine Nahrungsallergie hin. „Die Ohren haben sich zum Glück beruhigt, nur der Durchfall kommt weiterhin pünktlich alle drei Wochen“, resümiert Martina. Inzwischen füllt Codys Napf ein hochkalorisches Futter für darmempfindliche Hunde, damit er nicht noch mehr

Gewicht verliert.
Derartige chronische Verdauungsprobleme werden „gefühlt" immer häufiger in der Tierheilpraxis. Einfache Lösungen nach Schema F gibt es dafür nicht. Um herauszufinden, was genau im Magen-Darmtrakt schief läuft, lasse ich gerne im Speziallabor die Kotflora analysieren. Bei dem Englischen Setter ergibt diese Untersuchung erwartungsgemäß eine folgenschwere Verschiebung der Darmbakterienstämme. Codys „gute" Darmbewohner sind zu wenig und haben Platz gemacht für Bakterien, die schleimig-blutigen Durchfall und Blähungen auslösen. Ob eine frühe Antibiose, eine Infektion, Stress oder falsche Fütterung in der Vergangenheit das Ungleichgewicht hervorgerufen haben, lässt sich nicht mehr sagen – über Codys früheres Leben gibt es keine Informationen

Codys Behandlung

Unsere Therapie geht in die Breite und in die Tiefe. Wir beginnen mit einer sanften Entgiftung. Huminsäuren binden Toxine im Darm und sorgen für deren Abtransport, sie haben gleichzeitig eine heilende Wirkung auf Magen- und Darmschleimhaut. Cody bekommt ein Probiotikum, das die Vermehrung der unterrepräsentierten positiven Darmbakterien fördert, auf dass sie die schädlichen zurückdrängen können. Präbiotika wie Inulin und Akazienfasern unterstützen die Neubesiedlung. Damit die Darmentzündung nachhaltig ausheilt, verschreibe ich einen standardisierten Weihrauch-Extrakt aus der Apotheke. Für die nächsten vier Wochen nimmt Cody es in einer Dosierung von 400 mg pro 10 kg Körpergewicht ein.
Die Genesung des Darms und die Normalisierung der Bakterienzusammensetzung dauern naturgemäß einige Zeit. Für den Fall, dass Cody wieder Durchfall produziert, verschreibe ich eine Mischung aus Eichenrinden- und Kamillentee. Gegen Blähungen hilft ein Kindertee

mit Anis und Fenchel, den Martina als Mutter eines Kleinkindes im Haus hat. Schon fünf Wochen später berichtet eine glückliche Martina, dass Cody ein ganz anderer Hund geworden ist: „Er ist agil, geht mit meinem Mann joggen, er fordert zum Spielen auf. Der Kot ist fast immer gut geformt und Cody hat endlich wieder etwas Fleisch auf den Rippen."

Störungen der Darmflora

Häufig kommt es zu Durchfall nach einer Antibiotika-Behandlung. Hier ist die Darmflora gestört, weswegen wir das Futter über mindestens drei Wochen mit Prä- und Probiotika anreichern. Probiotika (vom Tierarzt oder aus der Apotheke) führen dem Darm „gute" Darmbakterien zu, die die krankmachenden Bakterien verdrängen. Präbiotika, zum Beispiel Inulin, Akazienfasern oder Vitalpilze, sind wertvolle Nahrung für die gesunden Darmbakterien.

Rezept Moro'sche Möhrensuppe (nach Prof. Ernst Moro)

500 Gramm Möhren in 1 Liter Wasser 90 Minuten kochen lassen und pürieren. Die Menge mit Wasser wieder auf einen Liter auffüllen, einen kleinen Teelöffel Salz dazu geben.

Um den Geschmack für den Hund attraktiver zu machen, kann mageres Hühnerfleisch mitgekocht werden, sollte aber anfangs nicht verfüttert werden. Die Suppe wird in kleinen Portionen mehrmals täglich angeboten. Sobald der Kot wieder einigermaßen fest ist, kann man die Möhrensuppe nach und nach mit Reis oder Kartoffeln (beides muss sehr weich gekocht sein), Biojoghurt und später mit klein geschnittenem, gut gekochtem Hühnerfleisch ergänzen. Wird das gut vertragen, kehrt man langsam zurück zur Normalfütterung.

Die Moro'sche Suppe ist auch als Schonkost geeignet bei Magen-Darmerkrankungen mit bakterieller Beteiligung, denn beim längeren Kochen von Möhren werden Oligogalakturonsäuren freigesetzt. Diese Kohlenhydrate können im Darm schon in geringer Konzentration krankheitserregende Bakterien blockieren und dadurch ein Antibiotikum ersetzen.

Verstopfung

Wenn sehr harter Kot nur unter heftigstem Pressen abgesetzt wird oder wenn trotz aller Anstrengungen des Tieres kein Output fällt, liegt eine Obstipation vor, eine Verstopfung. Die Ursache kann falsches Futter sein, etwa zu viele Knochen. Bei älteren Tieren kommt es gelegentlich zu chronischer Darmträgheit, die gut homöopathisch zu lindern ist. Bei Verstopfung lassen wir einen Esslöffel Leinsamen 30 Minuten in ½ Liter kaltem Wasser quellen und geben einige Teelöffel des Schleims vor der Fütterung ein. Das Futter sollte mit viel Flüssigkeit angereichert sein. Besser als

Wasser eignet sich dafür ein darmaktivierender Tee aus Löwenzahn, Schafgarbe oder Thymian.

Ivan: altersschwacher Darm

Kater Ivan ist für seine 17 Jahre noch fit – nur sein Darm schwächelt. Ivan musste schon zweimal mit einem Klistier behandelt werden, damit er den verdichteten Kot absetzen konnte. Beim Röntgen wurde zum Glück ein Megakolon ausgeschlossen, das ist ein krankhaft erweiterter Dickdarm.
Wir reichern Ivans Futter mit Flohsamenschalen an. Diese quellen im Darm auf. Damit erhöht sich das Volumen des Kotes, was die Darmbewegung anregt. Wichtig ist eine vorsichtige Dosierung, maximal 1 Gramm zweimal täglich sind erlaubt. Dazu gibt es Löwenzahntee. Ein gutes Fischöl sorgt dafür, dass der Kot besser rutscht und tut nebenbei durch seinen hohen Gehalt an Omega-Fettsäuren etwas für Haut, Gelenke und Immunsystem. Seit es Ivan besser geht, bewegt er sich auch wieder mehr, was erneuter Obstipation vorbeugt.
Übrigens: Kater Ivan ist schlank, aber Darmträgheit hat häufig mit Übergewicht zu tun. In diesem Fall ersetzt man die Flohsamenschalen mit Futtercellulose, die die Verdaulichkeit des Futters herabsetzt und dadurch die Diät unterstützt.

Zum Tierarzt oder Tierheilpraktiker:

Bei einer hartnäckigen Verstopfung besteht Verdacht auf Darmverschluss – das ist ein Notfall, der keine Hausmittel erlaubt und sofort in die Klinik gehört.
Bei älteren Tieren gibt es eine Art Pseudoverstopfung oder sekundäre Obstipation. Sie können keinen Kot absetzen, weil sie aufgrund von Rücken- oder Gelenkschmerzen nicht in die Hockposition finden. Hier muss ursächlich der Schmerz bekämpft werden mit Kräutern, Medikamenten sowie Physiotherapie (siehe Kapitel Bewegungsapparat ab Seite 112).

Haarballenverstopfung

Eine Besonderheit bei Katzen, vor allem langhaarigen, sind Verstopfungen durch Haarballen. Beim ausgiebigen Putzen verschlucken Katzen Haare, die sich im Magen zusammenknäueln. Normalerweise würgt die Katze diese Knäuel hoch und erbricht sie. Gelangen die Haarballen in den Darm, können sie eine Verstopfung und sogar einen Darmverschluss hervorrufen.

Durch das Fressen von Gras erleichtern sich die Samtpfoten das Erbrechen der Haarballen. Hauskatzen ohne Freigang sollte daher spezielles Katzengras zur Verfügung stehen. Anfälligen Katzen hilft ein Malzzusatz (aus dem Fachhandel) im oder zum Futter. Die Zugabe von hochwertigen Ölen optimiert die Prävention. Geeignet sind Lachs-, Kokos- oder Sonnenblumenöle, jedoch nicht mehr als ½ Teelöffel am Tag.

Analdrüsen

Links und rechts vom After befinden sich bei Hunden wie Katzen die Analdrüsen, die ein Sekret speichern. Häufig kommt es zu Verstopfungen der Ausführungsgänge und damit zu Entleerungsstörungen, die wiederum Entzündungen auslösen können. Ein Anzeichen ist das sogenannte „Schlittenfahren": Das Tier rutscht mit dem Po über den Fußboden (gerne auch Couch oder Bettlaken), um Juckreiz und Brennen zu stillen.
Bei einigen Tieren sind rein anatomisch die Ausführungsgänge ungünstig angelegt, so dass die Drüsen immer wieder volllaufen. Häufig aber hat die Entleerungsstörung mit zu weichem Kot zu tun. Normalerweise wird beim Kotabsatz durch Druck die Drüse entleert, doch dazu braucht es festen Output. Wenn es den nicht gibt, muss die Ursache für die Probleme gefunden und behoben werden. Dahinterstecken können Ernährungsfehler ebenso wie Schäden des Mikrobioms oder Allergien.
Übrigens bin ich kein Freund davon, die Analdrüsen prophylaktisch auszudrücken. Nach meiner Erfahrung beginnen damit Probleme, wo keine sein müssten. Solange Ihr Hund also keine Symptome an der Stelle zeigt: Finger weg.

Moppel fährt Schlitten

Eingreifen müssen wir aber beim Analdrüsenekzem. Moppel weiß, wie schmerzhaft das ist. Seine Analdrüsen waren wieder einmal voll. Die Folge: Durch zu intensives Lecken und häufiges „Schlittenfahren" hat sich neben Moppels Anus die Haut entzündet.

„Wenn ich nicht aufpasse, schleckt er den ganzen Tag dran und macht es noch schlimmer", weiß Halterin Annalena. Um die Entzündung zu behandeln, zeige ich ihr, wie sie eine Kompresse mit lauwarmen Schafgarbentee oder Kamillentee auf den Po legt. „Das machst du mehrmals täglich. Und bis die Haut geheilt ist, muss Moppel eine Halskrause tragen, damit er nicht dran gehen kann." Ich beruhige sie aber: „Durch die Kompressen wird der Juckreiz schnell nachlassen."
Seine Analdrüsen selbst sind nicht entzündet. Sonst würden wir vorübergehend durch die Zugabe von Leinsamen für weicheren Kot sorgen, bis die Entzündung abgeklungen ist. Dauerhaft ist, wie beschrieben, für die regelmäßige Entleerung ein fester Kot besser. Da Moppel auch etwas übergewichtig ist, empfehle ich Annalena eine Ernährungsberatung.

Die wertvollsten Vitalpilze für den Verdauungstrakt

- **Agaricus** (ABM) ist ein Allroundtalent. Er findet Einsatz bei Erkrankungen der Bauchspeicheldrüse und zeigt sich wirksam bei chronischen Entzündungserkrankungen, besonders bei Darmentzündungen. Benötigt die Leber Hilfe zur Regeneration, ist der ABM ebenfalls eine gute Wahl.
- **Auricularia** kann bei entzündeten Analdrüsen sowohl innerlich gegeben als auch als Umschlag aufgelegt werden. Er kann außerdem die Darmaktivität anregen und das Mikrobiom füttern.
- **Chaga** ist bekannt für seine heilenden Kräfte bei Erkrankungen der Darmschleimhaut, des Magens und der Leber.
- **Coprinus** regt sanft die Verdauungstätigkeit an und kann Verstopfungen lösen. Gleichzeitig hilft er, die Darmflora aufzubauen. Auch der Bauchspeicheldrüse tut er gut.
- Viele positive Effekte auf die Gesundheit von Magen und Darm bringt **Hericium**. Er regeneriert die Schleimhäute, weswegen er zu jeder Darmaufbaukur gehört, und kann einer Übersäuerung entgegenwirken.
- **Maitake** kann Durchfall stoppen und die Lebergeneration verbessern.
- **Reishi** schützt Leber und Bauchspeicheldrüse, auch sein Einsatz bei Analbeutelproblemen ist einen Versuch wert. Hier wie bei anderen Magen- und Darmerkrankungen kann der Reishipilz seine entzündungshemmende Kraft zeigen.
- **Übrigens**: Fast alle Vitalpilze sind wertvolle Präbiotika, nähren also die „guten" Darmbakterien und sorgen damit für ein gesundes Mikrobiom, was ganzheitlich die Gesundheit und das Immunsystem unterstützt.

Heilkräuter für Blase und Nieren

KAPITEL 11

Blasenentzündung

Queeni kann nicht pinkeln

Norwich Terrier Queeni hockt sich immer wieder zum Pinkeln hin, aber es tröpfelt nur. Manchmal winselt sie beim Versuch, Wasser zu lassen. Und so richtig munter wirkt sie auch nicht. Christine sorgt sich: „Mir scheint, sie hat eine Blasenentzündung… mal wieder."

Die Blasenentzündung oder Zystitis ist leider ein häufiges Problem, vor allem bei weiblichen Katzen und Hunden. Aufgrund ihrer kurzen Harnröhre wird die Blase leicht durch Bakterien befallen.

Schon bei ersten Anzeichen einer Zystitis braucht das Tier Hilfe. In der Tierarztpraxis wird da schnell zu Antibiotika gegriffen, was in leichten Fällen nicht notwendig ist. Wie es sich bereits in der Humanmedizin etabliert hat, können Blasenentzündungen bei Hunden und Katzen gut durch natürliche Mittel behandelt werden. Die Vorteile: Es gibt keine Resistenzbildungen und die Ausheilung ist nachhaltig

wenn man es richtig macht.
Ich bitte Christine trotzdem, Urin von Queeni zum Tierarzt zu bringen. Dieser soll auf Keimbelastung geprüft und ein Antibiogramm erstellt werden. Das dauert ein paar Tage, ist jedoch die einzige Möglichkeit, ein Medikament gezielt gegen die tatsächlich aktive Erregerart einzusetzen. Sollte es Queeni unter der Phytotherapie nicht schnell besser gehen, bekommt sie sofort das ausgetestete, wirksame Antibiotikum.

Den Schutzfilm durchbrechen

Die meisten Blasenentzündungen werden durch Bakterien verursacht, die aus dem Darm oder der Umwelt eindringen. Da weibliche Tiere eine kurze Harnröhre haben, sind sie am anfälligsten für Bakterienangriffe. Meist hilft eine Antibiotika-Behandlung binnen weniger Tage – und ganz oft ist nach kurzer Zeit die Infektion zurück. Warum? Weil die Bakterien einen Biofilm aufbauen. Diese gummiartige Schutzschicht schützt sie vor Antibiotika und vor körpereigenen Abwehrzellen. So warten die Krankheitserreger entspannt in der Harnblase ab, bis die Gefahr durch die Medikamente vorbei ist und starten dann wieder durch.
Die Lösung: Verschiedene Pflanzenwirkstoffe durchbrechen diesen Schutzfilm. Deswegen ist die phytotherapeutische Behandlung einer Zystitis nachhaltiger, wenn sie auch scheinbar länger dauert. Wird die Blasenentzündung spät erkannt und ist schon sehr belastend für unseren Liebling, mag eine einleitende antibiotische Behandlung notwendig sein. Danach wollen wir ein Wiederauftreten durch die effektiven Waffen aus der Natur verhindern. Idealerweise nutzen wir ein pflanzliches Antibiotikum wie Kapuzinerkresse (mehr auf Seite 86) mit harndesinfizierendem Preiselbeerblätter-Tee.

Queenis Kräuterbehandlung stellen wir auf drei Säulen. Zum einen sorgen wir

dafür, dass die kompletten harnbildenden und -abführenden Organe gut durchgespült werden. Ergo: Unsere kleine Patientin muss viel trinken. Deswegen gestalten wir ihr Trinkwasser attraktiver durch etwas Sahne, Milch oder Fleischbrühe. Auch das Futter können wir mit Flüssigkeit „verlängern". Natürlich müssen wir dafür sorgen, dass die aufgenommene Flüssigkeit wieder abgegeben wird. Deswegen wird Christine mit ihrem Norwich Terrier täglich einige Extrarunden drehen.
Wir unterstützen die Spülung durch harntreibenden Tee. Im Sommer können wir uns dafür aus der Natur bedienen. Birkenblätter, Löwenzahn, Brennnessel, Hagebutten und Ackerschachtelhalm regen den Harnfluss und den Stoffwechsel an. Goldrute, das zentrale Heilkraut bei Erkrankungen des Harnapparates, verstärkt die entzündungshemmende und schmerzstillende Wirkung. Drei bis vier Wochen muss Queeni den Tee schlucken.
Die zweite Säule: Wir verhindern, dass es sich Keime an der Blasenwand gemütlich machen, um sich später wieder zu reaktivieren. Harndesinfizierend sind Cranberrys oder Preiselbeeren. Christine soll für mehrere Wochen einen Teelöffel der frischen oder getrockneten Beeren ins Futter geben. Für Katzen und mäkelige Hunde gibt es spezielle Vet-Produkte (z.B. von Puur Natuur, alfavet, pernaturam) mit konzentriertem Cranberry Extrakt, die sicher zu dosieren und einfach zu verabreichen sind.
Säule Nummer drei: Um Bakterien zu eliminieren und an weiterer Vermehrung zu hindern, bekommt Queeni zusätzlich ein pflanzliches Antibiotikum (dazu mehr ab Seite 45). Meerrettich, Kresse oder Knoblauch wirken keimhemmend und sind effiziente Immunbooster.
Christine schaut etwas überfordert. Ich tröste sie: „Das mag jetzt aufwendig scheinen. Aber damit haben wir eine gute Chance, dass Queeni nachhaltig Ruhe vor den Infektionen hat." Tatsächlich geht es der kleinen Terrier-Hündin schon nach zwei Tagen deutlich besser. Eine erneute Infektion bleibt aus.
Eine Besonderheit gibt es bei Katzen. Sie können schmerzhafte Zystitiden durch Stress entwickeln. Dabei sind in

den meisten Fällen keine mikrobiotischen Erreger beteiligt. Bei der Therapie ist die erste Säule sehr wichtig, das Durchspülen der Blase mit viel Flüssigkeit. Zusätzlich braucht die Mieze Kräuter, die beruhigend wirken und die Stressadaption verbessern (Seite 133). Ganz wichtig ist es, Aufregung und Unangenehmes von der Katze fernzuhalten. Das kann so weit gehen, dass im Mehrkatzenhaushalt Tiere voneinander getrennt werden müssen. Bei Verdacht auf eine idiopathische Zystitis, wenn also andere Ursachen wie Blasensteine und Bakterien nicht zu finden sind, sollte eine Katzen-Verhaltenstherapeutin ins Haus kommen und die Situation klären.

D-Mannose

Mit Zuckerbrot und Peitsche gegen Zystitis? Sehr witzig oder? Aber was Zucker angeht, hört der Spaß auf. Denn es gibt mit D-Mannose eine mit Glucose verwandte Zuckerart, die die Blase von bösartigen Bakterien befreien kann.

D-Mannose kommt in Lebensmitteln nur in kleinen Mengen vor. Deswegen muss man es zur Prophylaxe oder Therapie einer Blasenentzündung pur einnehmen. Es wird nur zum kleinen Teil verstoffwechselt, der größere Teil wird mit dem Urin ausgeschieden, bewegt sich also über die Blase. Und hier bindet der Einfachzucker Bakterien an sich, die für die meisten Harnwegsinfekte verantwortlich sind. Raus damit!
Kleine Hunde bekommen 0,5 bis 1 Gramm, größere bis zu 2 Gramm pro Tag ins Futter. Für Katzen reicht 0,5 Gramm. Die Nahrungsergänzung sollte lange erfolgen, in Humanstudien maß man erst nach sechsmonatiger Einnahme den Erfolg. Dann aber stand fest: D-Mannose wirkt mindestens so gut wie eine Behandlung mit Antibiotika – ohne Risiko von Resistenzentwicklung.
Es gibt einige Fertigpräparate für Hunde und Katzen, in denen der Einfachzucker enthalten ist. Verwenden wir die pure D-Mannose, mischen wir sie in unsere blasenschützenden Kräutertees.

Blasengries- und Steine

Und jetzt noch eine Warnung: Wenn das Tier muss, aber nicht kann, wenn es sich also hinhockt, und es kommt nichts, dann können Blasensteine die Harnröhre verlegen. Diese Gefahr besteht vermehrt bei männlichen Tieren aufgrund ihrer langen, dünnen Harnröhre. Bei Verdacht auf eine Verstopfung der Harnröhre dürfen wir auf keinen Fall Zeit mit Hausmitteln verlieren. Das ist ein medizinischer Notfall, der schnell professionelle Hilfe vom Tierarzt oder in der Tierklinik erfordert. Staut sich der Urin aus der Blase zurück bis in die Niere, kann das zu gefährlichen Infektionen führen. Dieser Notfall tritt nur selten überraschend ein. Häufig wurde die Neigung zum Harngries schon bei früheren Urinanalysen bemerkt.

Harley hat Gries in der Blase

Mit dieser Diagnose kommt Sigrid in meine Praxis. Bei ihrem Collie Harley wurde Sediment im Urin gefunden. „Wir müssen den Gries ausleiten und einer erneuten Bildung vorbeugen", e

kläre ich ihr. „Den ersten Teil schaffen wir mit der diuretischen Wirkung von Birke und Brennnessel und der entkrampfenden Wirkung der Goldrute."

Wird danach dieser Präventionsplan umgesetzt, sollten sich keine neuen Kristalle formen:

- Wir mischen Ackerschachtelhalm mit Petersilie und Löwenzahn zu gleichen Teilen. Davon 1 Esslöffel mit 1/2 Tasse kochendem Wasser überbrühen und 10 Minuten ziehen lassen. Zwei- bis viermal täglich sollte die Katze davon 1 bis 2 Teelöffel, ein Hund 1 bis 3 Esslöffel übers Futter bekommen, und zwar eine Woche lang.

Es folgt eine Woche Pause.

Dann: 1 Teil Wacholderbeeren und 1,5 Teile Goldrute mischen. Davon 1 Teelöffel auf 1 Tasse Wasser heiß überbrühen, nach 10 Minuten abseihen. Katzen bekommen davon bis zu 1/2 Tasse am Tag. Hunde je nach Größe ½ bis 1 Tasse. Für eine Woche.

Anschließend nach zwei Wochen Pause das erste Rezept wiederholen. Wichtig bei Griesbildung ist die Ernährung, mit der wir den pH-Wert des Urins beeinflussen sollten. Ein Ernährungsberater für Tiere erstellt den passenden Diät-Plan, individuell abgestimmt auf die Art der Kristalle.

Nierenentzündung

Eine Nierenentzündung mit akuten Symptomen wie Apathie, Inappetenz und Kolikschmerzen ist definitiv ein Grund für einen Tierarztbesuch. Nieren- und Nierenbeckenentzündungen können auf Infektionserkrankungen, Harnstau (z.B. durch Steinbildung), Toxine, Traumata oder Tumoren folgen. Wird die Ursache schnell behoben, kann sich das Organ in vielen Fällen gut erholen. Wir unterstützen die Regeneration mit Goldrute und Löwenzahn.

Niereninsuffizienz

Paulinchen vergiftet innerlich

Hauskatze Paulinchen kam mit unstrittiger Diagnose zu mir. Ihre Nieren arbeiteten nicht mehr korrekt. Paulinchen soff zeitweise „wie ein Kamel in der Wüste", so Besitzerin Dana, und zuletzt hatte sie sogar das Fressen verweigert. Ihr war übel. Die Blut- und Urinbefunde bewiesen, dass die Katze innerlich vergiftete. Beim Tierarzt brachten Infusionen eine Besserung, die leider nur vorübergehend anhielt. Dana weigerte sich zu glauben, dass ihre Katze mit 13 Jahren dem Tod geweiht war.
Die chronische Niereninsuffizienz ist in der Kleintiermedizin eine häufige Diagnose, besonders bei älteren Vierbei-

nern. Klinisch auffällig wird die Nierenschwäche erst, wenn schon mehr als zwei Drittel der Organe zerstört sind. Jeder kann sich vorstellen, dass Miez und Mops in dieser Situation dringend Hilfe brauchen. Und in vielen Fällen können wir mit der Komplementärmedizin das Rad zumindest ein Stück zurückdrehen. Ich habe schon viele vierbeinige Patienten mit hoffnungsloser Prognose behandelt, die dann noch mehrere Jahre bei hoher Lebensqualität ihre Menschen erfreut haben.
Ein Kraut alleine reichte da natürlich nicht. Paulinchen bekam eine Kur mit verschiedenen Medikamenten aus der Homöopathie und Organotherapie, und – ganz wichtig – ihre Ernährung wurde optimiert, damit der Körper trotz der ungenügenden Nierenfunktion nicht weiter Giftstoffe wie die Harnsäure ansammelt. Zum Glück akzeptierte das Kätzchen die Spezialdiät inklusive der Medizin aus der Natur. Diese verabreichten wir in Form einer Fertigmischung mit Goldrute, Birken, Löwenzahn und ergänzenden Wirkstoffen für die Leber (Mariendistel und Artischocke). Dieses Präparat gaben wir nicht durchgängig, sondern wechselten alle vier bis sechs Wochen auf eine andere Kombination. So setzten wir kurweise auch Brennnessel, Ackerschachtelhalm oder Petersilie ein. Da gerade bei Nierenerkrankungen eine nicht zu hohe, gleichwohl ausreichende Dosierung essenziell ist, rate ich Katzenhaltern nicht zur Verwendung der einzelnen Drogen. Fertigpräparate sind in der Anwendung sicherer.
Um die Durchblutung zu verbessern, bekam Paulinchen zusätzlich Ginkgo. Täglich eine Prise Brennnesselsamen half, den Kreatininwert im Blut zu senken.
Tatsächlich zeigten sich ein halbes Jahr später Paulinchens Blutwerte bei weitem nicht mehr so dramatisch. Ihr Allgemeinbefinden spiegelte schon deutlich früher den Therapieerfolg wider. Die Katze fraß gut, trank unauffällig und zeigte sich voller Lebensfreude. Zerstörtes Nierengewebe kann nicht repariert oder ersetzt werden. Deswegen

ist es umso wichtiger, das noch erhaltene Restorgan bestmöglich zu schützen und zu unterstützen, damit es seine Filterfunktion wahrnehmen kann, ohne zu überlasten. Gleichzeitig stärken wir die Leber als zweites wichtiges Entgiftungsorgan. Und wir stabilisieren das Herz, denn die Niere braucht eine gute Durchblutung, um leistungsfähig zu sein. Vor allem aber verringern wir durch eine spezielle Nierendiät die Aufnahme von Nährstoffen, bei deren Verstoffwechslung zu viele harnpflichtige Stoffe anfallen. Wichtig ist eine phosphatarme Ernährung mit angemessenem Proteingehalt. Zu niedrig darf die Eiweißzufuhr nicht ausfallen, weil das Tier durch eine Mangelversorgung Muskel- und Organgewebe abbauen würde – auch von den Nieren.
Viele Hunde und Katzen schaffen es mit dieser Kombitherapie, trotz insuffizienter Nieren ein gutes Leben zu führen. Natürlich müssen sie unter therapeutischer Kontrolle bleiben. Regelmäßige Blut- und Urinuntersuchungen stellen sicher, dass die Behandlung anschlägt und sich keine Gift- und Abfallstoffe im Körper ansammeln.

Vitalpilze

- **Auricularia** hat eine allgemeine entzündungshemmende Wirkung auf die Schleimhäute, günstig bei Blasenentzündungen. Gleichzeitig unterstützt Polyporus die Ausscheidung. Deswegen ist dieser Vitalpilz auch ein gutes Hilfsmittel bei Harngries und Nierensteinen. Zusätzlich entfaltet er eine antibakterielle und entzündungshemmende Kraft in Blase und Nieren.
- Eine nierenschützende Kraft hat **Cordyceps**. Dieser Pilz senkt zudem den Kreatinin- und Harnsäuregehalt im Blut, was bei chronischer Nierenschwäche sehr wichtig ist.

Heilkräuter bei Problemen der Geschlechtsorgane

Vorhautkatarrh

Dieses Leiden, auch Präputialkatarrh genannt, kennen viele Halter von unkastrierten Rüden. Aus der Vorhaut des Hundes tritt eine kleinere oder größere Menge gelblichen, klebrigen Sekretes. Dazu putzt sich der Rüde übermäßig oft an seinem Penis. Häufig wird daraus eine Entzündung erdichtet (und gerne mit Antibiotika behandelt), es ist jedoch einfach nur eine übermäßige Smegma-Produktion.

Muss Willi wirklich kastriert werden?

Das Herrchen vom Dackelrüden Willi kam reichlich geknickt in meine Praxis: „Er tropft wirklich sehr, und es wird und wird nicht weniger, obwohl wir schon zweimal Tabletten vom Tierarzt hatten. Nun soll er kastriert werden..." Ich merkte, wie sehr Ralf diese Idee belastete.
„Kastrieren können wir immer noch", beruhigte ich ihn, „wir versuchen es erstmal mit einem ganz einfachen Hausmittel". In einem kleinen Behälter rührte ich einen Esslöffel Naturjoghurt mit lauwarmem Wasser flüssig und zog eine Fünf-Millimeter-Spritze ohne Nadel auf. Während Ralf den auf der Seite liegenden Willi kraulte, träufelte ich diese Mischung vorsichtig in die Vorhaut des zweijährigen Rüden und zeigte, wie man sie durch eine vorsichtige Massage verteilt. „Das macht ihr ein- bis zweimal täglich für eine Woche", verordnete ich. „In den meisten Fällen reguliert sich damit die Schleimhautflora sehr schnell und es tropft nicht mehr. Sollte es mal wieder losgehen, kannst du mit diesem sanften Mittel je-

derzeit wieder eingreifen." Anstelle von Joghurt könnte er auch Salbeitee oder stark verdünnte Calendulatinktur verwenden.
Etwa vier Wochen später meldete sich Ralf voller Dankbarkeit: Die Joghurt-Kur hatte wunderbar geholfen. Willi tropfte nicht mehr. Das Thema Kastration war vom Tisch.

Momo kann nicht müssen

„Ich war beim Tierarzt, weil ich dachte, dass Momo Verstopfung hat. Aber es liegt an der Prostata, die vergrößert ist", berichtet Wiebke. „Bei Prostatabeschwerden hilft die Brennnesselwurzel", empfehle ich. Auch Kürbiskerne haben eine gute Wirkung. „Beides gibst du grob zerkleinert für vier Wochen ins Futter." Ob Momo denn normal pinkelt?
„Jetzt, wo du fragst – er hebt in letzter Zeit deutlich länger das Bein."
„Das liegt auch an der Prostatahypertrophie", erkläre ich. „Wir müssen aufpassen, dass der Urin durch die Prostatabremse nicht zu lange in der

Prostatabeschwerden

Ähnlich wie beim Mann kann sich bei älteren, unkastrierten Rüden die Prostata vergrößern. Beim Hund resultiert aus der Prostatahypertrophie gelegentlich eine Harnabsatzstörung, häufiger drückt die Vorsteherdrüse auf den Enddarm, was das Koten erschwert.

Blase verweilt, das könnte zu einer Infektion führen."

Um die Ausscheidung anzuregen, bekommt Momo einen Tee aus Goldrute, Brennnesselwurzel, Löwenzahnblätter, Birkenblätter und Ackerschachtelhalm (zu gleichen Teilen).

„Natürlich muss die Prostata wieder schrumpfen", erkläre ich, „sonst bleiben Momos Beschwerden." Ich verschreibe deswegen zusätzlich eine homöopathische Behandlung. „Wenn es nicht nachhaltig hilft, muss man über eine Kastration nachdenken."

Bitte beachten

Bei Harnverhalten, wenn also kein Harnabsatz möglich ist, verbietet sich eine Selbstbehandlung mit Tee wie mit allen anderen Hausmitteln. Das Tier muss sofort als Notfall zum Tierarzt oder in die Tierklinik.

Eine Entzündung der Prostata, die Prostatitis, zeigt sich durch Apathie, Fieber und Schmerzen, der Hund zeigt einen steifen Gang. Hier muss ein Tierarzt konsultiert werden.

Übermäßiger Geschlechtstrieb / Hypersexualität

Der Sexualtrieb resultiert aus dem Fortpflanzungsinstinkt und wird durch Hormone gesteuert. Wenn das Benehmen von manchen nicht-kastrierten Tieren auch stören mag, stelle ich mir in der Praxis immer die Frage, ob wir es mit natürlichem Verhalten zu tun haben, oder ob wirklich ein Therapiebedarf besteht. Häufig lassen sich Probleme durch Erziehung und Beschäftigung lösen.

Bei der Hypersexualität des Rüden wie bei der Nymphomanie der Hündin lohnt ein Versuch mit Mönchspfeffer. Die Droge hat eine beruhigende und hormonausgleichende Wirkung und wurde schon – daher der Name - bei Mönchen und Nonnen eingesetzt, um ihnen das Leben in Keuschheit und Zölibat zu vereinfachen. Der entspannende Hopfen erhöht die Erfolgschancen. Den Hormonhaushalt der Hündin kann außerdem ein Himbeerblättertee regulieren. Beide Mittel müssen aber über mehrere Wochen gegeben werden, bevor ein Erfolg sichtbar wird.

In schlimmen Fällen, wenn durch die Hypersexualität gesundheitliche Risiken entstehen, hilft bei weiblichen wie bei männlichen Tieren nur die Kastration.

Scheinschwangerschaft

„Mama" Dorle

Etwa acht Wochen nach Beendigung der Läufigkeit fängt es bei Dorle an. Sie liegt fast nur noch in ihrem Körbchen,

hütet ein Stofftierchen und bekommt dicke Zitzen. Fressen mag sie kaum noch. Dorle ist scheinträchtig.
Zur Beruhigung: Die Scheinschwangerschaft der Hündin ist ein ganz natürlicher Vorgang. Im Wolfsrudel werden alle Hündinnen gleichzeitig läufig. Welpen bekommt nur die Alpha-Wölfin. Alle anderen entwickeln jedoch zur Wurfzeit eine Scheinträchtigkeit, sodass sie mit ihrer Milch die Aufzucht des Nachwuchses unterstützen können. In unserem Haushalt ist dieser Vorgang natürlich keine sinnvolle Einrichtung. Wenn die Hündin aber nur leichte Anzeichen einer „Lactatio falsa" zeigt, können wir entspannt abwarten. Nur wenn die Symptomatik stark ist, möchte man der Hündin da raushelfen. Es gibt einige wirksame homöopathische Mittel. Auch Dorle bekommt Globuli, abgestimmt auf ihr individuelles Verhalten.
„Um die Milchbildung zu hemmen, gibst du Petersilie und Salbei ins Futter", weise ich Frauchen Gabi an. „Solange das Gesäuge so geschwollen ist, machst du täglich kühlende Umschläge mit Quark oder Essigsaurer Tonerde."
Wenn nichts anderes im Haus ist, kann man das Leinen- oder Baumwolltuch einfach mit kaltem Essigwasser tränken.
Eine Warnung gebe ich Gabi noch: „Darüber hinaus solltest du die Zitzen möglichst wenig berühren, um nicht die Milchbildung anzuregen."
Zusätzlich rate ich der Halterin, Dorles Ersatzwelpen – ob Spielzeuge oder Socken – zu verstecken und die Hündin durch körperliche Aktivitäten abzulenken. Unter der liebevollen Behandlung von Gabi lassen Dorles Beschwerden in

den nächsten Tagen deutlich nach. Sonst hätte ich noch diese Tipps in petto: Mönchspfeffer oder Himbeerblätter können die Hormonlage ausgleichen. Ist die Hündin sehr erregt, fiept ständig oder verteidigt ihr Nest sogar aggressiv, sind beruhigende Kräuter aus dem Kapitel „Verhalten" ab Seite 138 hilfreich, vor allem der Hopfen mit seiner entspannenden, appetitanregenden Kraft. Um der nächsten Scheinschwangerschaft vorzubeugen, geben wir ab Beginn der Läufigkeit eine Mischung aus Mönchspfeffer und Himbeerblättern.

Mastitis

Eine schlimme Folge der Scheinträchtigkeit kann die Mastitis sein, unter der manchmal auch säugende Hündinnen oder Katzen leiden. Die Entzündung der Milchdrüsen ist schmerzhaft, unsere Patientin zeigt das durch reduziertes Temperament oder indem sie ihre Welpen am Saugen hindert. Wir behandeln die Entzündung durch Umschläge mit lindernder Kamillen-Tonerde-Mischung und innerlich, wenn keine Welpen genährt werden müssen, durch die Gabe von Salbeitee. Eine gute lokale Wirkung haben auch Weißkohlblätter. Bei starker Symptomatik mit Fieber empfiehlt sich selbstverständlich ein Tierarztbesuch.

Pyometra

Eine eitrige Gebärmutterentzündung ist immer durch einen fachkundigen Therapeuten zu behandeln. Häufig tritt die Pyometra bei Hündinnen vier bis acht Wochen nach der Läufigkeit auf. Katzen können ebenfalls erkranken. Das Risiko steigt mit dem Lebensalter. Anzeichen sind stark vermehrter Durst, vermindertes Allgemeinbefinden, Fieber, Ausfluss aus der Vulva (offene Pyometra) oder ein anschwellender Bauch (geschlossene Pyometra). Bei diesen Symptomen ist ein Tierarztbesuch dringend: Unbehandelt droht eine lebensgefährliche Sepsis.

Vitalpilze

- **Cordyceps** kann über die Sexualorgane das Hormonsystem stärken und regulieren. Bei Hypersexualität ist er nicht geeignet.
- **Reishi** und **Auricularia** wirken durchblutungsfördernd und entzündungshemmend auf die Schleimhäute und können somit die Behandlung bei Prostatitis und Pyometra unterstützen.
- Um das Immunsystem für den Kampf gegen die Entzündung zu stärken, eignen sich **Maitake**, **Shiitake** und **Champignon**.

Heilkräuter für den Bewegungsapparat

KAPITEL 13

Unsere Haustiere werden heute deutlich älter als noch vor 30 oder 50 Jahren. Es ist natürlich wunderschön, dass wir mehr Lebenszeit mit ihnen verbringen können. Leider bringen die zusätzlichen Jahre verschiedenste altersbedingte Leiden mit sich, insbesondere an Rücken und Gelenken. Vielfach werden Erkrankungen des Bewegungsapparates bei Tieren nur mit synthetischen Schmerz- und Entzündungshemmern behandelt. Diese Medikamente bringen – vor allem bei längerem Gebrauch – immer Nebenwirkungen mit sich. Sie belasten Leber und Nieren, reizen die Magenschleimhaut oder unterdrücken das Immunsystem.

Wenn unser Tier Schmerzen hat, braucht es natürlich Hilfe. Diese finden wir in der Natur durch pflanzliche Wirkstoffe für die innere Therapie, äußere Anwendungen (Wickel, Salben, Umschläge) und manuelle Behandlungen wie die Physiotherapie oder Osteopathie. Wenn damit die Notwendigkeit von synthetischen Analgetika vorübergehend oder sogar dauerhaft verhindert oder verringert wird, lohnt sich das, denn es erhöht die Chancen, dass unser Liebling gesund und bei hoher Lebensqualität alt werden kann.

Warnung

Auf keinen Fall geben wir unserem Hund oder unserer Katze Schmerzmittel aus der Hausapotheke für Menschen, denn diese können zu schweren Intoxikationen führen. Ibuprofen ruft schon in kleinen Dosierungen Vergiftungssymptome wie Erbrechen und Bewusstseinstrübung hervor. Bei der Aufnahme von Paracetamol drohen Mieze und Mops schwere Leberschäden, ebenso durch Diclofenac. Dieses ist in vielen handelsüblichen „Sportlersalben" enthalten. Schon wenn ein Hund oder eine Katze ein wenig von der menschlichen Haut leckt, drohen schwere gesundheitliche Schäden. Der Aspirin-Wirkstoff ASS (Acetylsalicylsäure) schließlich reizt die Magenschleimhaut, ohne eine nennenswerte Schmerzlinderung herbeizuführen.

Arthritis

Der Hund springt fröhlich über die Wiese, und plötzlich – Autsch! – kommt er humpelnd zurück. Er hat sich vertreten. Die Katze sitzt schlecht gelaunt hinterm Sofa, nachdem sie beim Sprung vom Kratzbaum einmal laut aufgeschrien hat. Gebrochen ist nichts, sagt der Tierarzt, aber ein Gelenk ist geschwollen, warm und schmerzt. Eine Arthritis, eine akute Gelenkentzündung.

Bei akut entzündeten Gelenken ist die umgehende Behandlung mit kühlenden Umschlägen, etwa mit verdünnter Arnikatinktur, Apfelessig oder Retterspitz (aus der Apotheke, nur für Hunde), eine wertvolle Hilfe. Auch Umschläge mit gequetschten Weißkohlblättern, Quark oder essigsaurer Tonerde nehmen Hitze und Schmerz. Innerlich kommen entzündungshemmende Heilkräuter zum Einsatz, am besten geeignet sind Weidenrinde oder Weihrauch.

Ganz wichtig ist die Ruhigstellung, bis das Gelenk wieder voll funktionsfähig ist. Ich empfehle meinen Klienten sogar, ihr Tier einige Tage länger zu schonen, um eine komplette Heilung zu erreichen.

Schonung für die Heilung

Bei akuten Entzündungen im Bewegungsapparat oder nach Operationen an Beinen oder Rücken benötigt das Tier Schonung. Gerade jüngere Tiere sind nur schwer zu bändigen, erst recht, wenn ihre Schmerzen medikamentös gedämpft werden. Jedem Halter muss aber bewusst sein, dass die Ruhigstellung für den Heilungsverlauf immens wichtig und unersetzlich ist. Deswegen: Lieber für sechs Wochen stur der Empfehlung des Therapeuten folgen, als für den Rest der Zeit ein humpelndes Tier mit dauerhaftem Therapiebedarf zu haben.

Ruhigstellung für Hunde heißt: Zum Lösen nur kleine Spaziergänge an kurzer Leine, ansonsten viel liegen. Nicht rennen, nicht springen. Im Haus empfiehlt sich möglicherweise die Sicherung in einer Box oder in einem Kinderlaufgitter.

Ruhigstellung für Katzen heißt: Aufenthalt in einem nicht zu großen Raum, in dem keine Möglichkeit zum Springen animiert. Um Sprünge zu vermeiden, können kleine Treppchen, Hocker oder Rampen gekauft oder selbst gebaut werden.

Sehnen- und Bänderprobleme, Prellungen, Zerrungen, Stauchungen

Die Gelenke werden durch Bänder zusammengehalten, die Muskeln sind mit Sehnen an den Knochen befestigt. Beide Strukturen können durch Unfälle Zerrungen und Dehnungen erleiden oder sogar reißen. Ein bekanntes Beispiel ist der Kreuzbandriss am Knie des Hundes, der meistens einen chirurgischen Eingriff erfordert. Immer wieder diagnostizieren wir auch Sehnen- und Sehnenansatzentzündungen bei Hunden und Katzen. Manchmal lässt sich bei einem schmerzenden Gelenk nicht klar erkennen, was genau verletzt und schmerzhaft ist: Ein Band? Der Sehnenansatz? Häufig geben nicht einmal Röntgenaufnahmen Aufschluss über die exakte Problematik. Phytotherapeutisch ist uns das egal - hier gilt im Akutfall das Gleiche wie für die Arthritis.

Lotse humpelt und humpelt

Humpelnd betritt Hovawart Lotse meine Praxis und legt sich sofort, ohne Kommando hin. Ganz offensichtlich hat er starke Schmerzen. Ich spüre sofort, wie sehr Herrchen Jürgen mit seinem Hund leidet, während er erzählt, dass Lotse schon dreimal für mehrere Wochen vom Tierarzt verschiedene Schmerz- und Entzündungshemmer bekommen hat: „Solange er die Tabletten nimmt, läuft er gut, aber gleich nach dem Absetzen beginnt die Lahmheit wieder". Schließlich hat ein Orthopäde eine Sehnenzerrung an der Schulter diagnostiziert – und weitere Schmerzmittel verordnet. „Ich will ihm ja gerne die Schmerzen nehmen. Aber er kann doch nicht ewig diese Pillen schlucken? Inzwischen gehen die ihm schon auf den Magen!"
„Die Medikamente nehmen natürlich den Schmerz", erkläre ich, „und auch die Entzündung wird gelindert, was zunächst wichtig ist. Die komplette Heilung der Sehnen jedoch erreichen wir durch Ruhe und Schonung." Sehnen- und Bänderprobleme beanspruchen leider lange Zeit zur Rege-

neration. Die strenge Schonung über mindestens sechs Wochen ist für viele Tierhalter eine harte Anforderung. Dennoch bestehe ich darauf, bei Lotse wie bei allen anderen Patienten, weil anders die nachhaltige Regeneration nicht zu erreichen ist. Ich beruhige Jürgen: „Wir können die Heilung unterstützen, was gleichzeitig die Widerstandskraft des Gewebes dauerhaft verbessert."

Um Lotses Magen zu schonen, verordne ich anstelle der synthetischen Medikamente Weihrauchkapseln. Das seit Jahrhunderten bekannte Heilkraut nimmt nicht nur die Schmerzen, es bekämpft auch die Entzündung und schützt damit das Gewebe. Das Futter des vierjährigen Rüden soll Jürgen mit verschiedenen Komponenten aufwerten: Brennnessel und Petersilie für den Stoffwechsel und die Schwefelverbindung MSM gegen die Entzündung. Dazu gibt es ausgekochten Ackerschachtelhalm, denn der liefert viel Kieselsäure, die das Bindegewebe festigt. Äußerlich soll Jürgen zweimal wöchentlich Umschläge mit Beinwell anlegen.

Mein letzter Rat an Jürgen: „Gönn Lotse bitte konsequente Schonung. Nur kleine Spaziergänge an kurzer Leine sind erlaubt. Erst wenn er eine ganze Woche nicht mehr gehumpelt hat, darfst du vorsichtig die Länge der Spaziergänge steigern."

Jürgen hält sich gewissenhaft an alle Verordnungen. Ein halbes Jahr später erfahre ich, dass Lotse so leistungsfähig ist wie früher. Was auffällt: Sein Fell glänzt viel mehr – kleine Nebenwirkung der Stoffwechselunterstützung.

Arthrose

Leider leiden viele – nicht nur ältere - Tiere unter Arthrosen. Diese chronischen Gelenkentzündungen entstehen durch Gelenkfehlstellungen, Fehlernährung, Übergewicht, Bewegungsmangel oder wiederkehrende Überlastungen. Häufig sind sie das Überbleibsel einer nicht ausgeheilten Arthritis. Typisch für Arthrose ist der Schmerz am Anfang der Bewegung und das deutliche Einlaufen. Die Therapie ist langwierig. Hier ist begleitend zur phytotherapeutischen Behandlung die Hilfe eines Physiotherapeuten sehr wertvoll. Wichtig ist aber das Eindämmen der Entzündung, da sonst die Gelenkknorpel weiter zerstört werden. Mit der richtigen Kräutertherapie kann man das Fortschreiten der Erkrankung bremsen. Möglicherweise tritt unter der Kräuterkur die Verbesserung vom Gangbild nur sehr langsam ein. Ist nach drei bis vier Wochen keine Veränderung zu sehen, hilft dem Tier möglicherweise eine Therapie mit anderen Heilpflanzen – jedes Lebewesen ist individuell. Gute Erfahrung machen wir mit einer Mischung aus dem schmerz- und entzündungshemmenden Weidenrindentee und stoffwechselanregenden Birkenblättertee. Davon bekommen Katzen und kleine Hunde zwei- bis dreimal täglich einen Teelöffel, größere Hunde jeweils einen bis zwei Esslöffel mit dem Futter. Eine stärkere Schmerzlinderung erreichen wir mit Kräutern wie Weihrauch oder Teufelskralle. Weil letztere bei längerer Einnahme den Magen reizen kann, setzen wir Produkte mit Teufelskralle immer nur als Kur für maximal acht Wochen ein und pausieren dann. Sehr gerne wird die Hagebutte als Schmerzhemmer beworben, diesbezüglich allerdings überschätzt: Die anderen pflanzlichen Analgetika sind deutlich effektiver. Trotzdem integrieren wir Hagebutten in unser Kräuterrezept für die Arthroselinderung, denn sie regen den Stoffwechsel an. Damit werden Entzündungsprozesse eingedämmt und gleichzeitig die Wirkung der analgetischen Drogen optimiert. Geeignet sind neben der Hagebutte harntreibende und durchblutungsfördernde Pflanzen wie Brennnessel, Petersilie, Löwenzahn, Birke und Ackerschachtelhalm, der zusätzlich sogar das Bindegewebe und damit die Gelenkstrukturen stärkt.

Tipp: Umschläge mit Meerrettich, Leinsamen oder gequetschten Weißkohlblättern steigern die Durchblutung, gut bei chronischen Gelenkentzündungen wie Arthrosen.

Fertigprodukte

Auf dem Markt der Nahrungsergänzungsmittel werden heute - gerade für Hunde mit Gelenkproblemen - unendlich viele Produkte mit angeblich entzündungshemmender Wirkung angeboten. Bei den meisten dieser Kombinationen sind aber die Wirkstoffe so gering dosiert, dass kaum ein Effekt eintreten dürfte. Wenn man ein Fertigpräparat verwenden möchte, sollte man auf standardisierte Produkte aus der Apotheke vertrauen oder bei namhaften Firmen kaufen.

Paule gibt wieder Gas

Golden Retriever Paule ist ein klassischer Arthrose-Patient. Wie viele seiner Rassengenossen ist er verfressen und war schon als junger Hund kein Leichtgewicht. Wegen seiner Hüftdysplasie hat er vor drei Jahren eine Goldakupunktur bekommen. Inzwischen ist er zehn Jahre alt und die Probleme häufen sich. In den vorderen Beinen haben sich Arthrosen entwickelt, weil er von der schmerzenden Hinterhand Gewicht wegnimmt und sich vorne überlastet. Seine Besitzer sind besorgt: „Bis letztes Jahr ging es Paule noch gut durch seine Gelenkkapseln." Paule bekam eine Kombination aus Kollagen und MSM. „Das reicht seit letztem Winter nicht mehr und wir bekamen Schmerzmittel vom Tierarzt. Nun, die verträgt er nicht. Gibt es etwas anderes?"
Dass Hunde auf viele der gängigen Schmerz- und Entzündungshemmer mit Magenreizungen und Erbrechen reagieren, ist bekannt. Deswegen, und um eine Leber- und Nierenschädigung zu verhindern, ist immer eine Kräutertherapie zu bevorzugen. Die Wirkung tritt nicht ganz so schnell ein, wie man es von den schulmedizinischen Schmerzkillern kennt, aber das Warten lohnt sich.
Für Paule erstelle ich ein Rezept aus Weihrauch, Weidenrinde, Hagebutte und Birkenblättern. Paules Besitzer geben das Weihrauch in Kapselform, sodass die Dosierung des Wirkstoffes auf jeden Fall stimmt. Die anderen Kräuter lassen sie pulverisiert in der Apotheke zu gleichen Teilen mischen und geben täglich einen Esslöffel davon ins Futter. Davon gibt es natürlich weniger da ich Gewichtsreduktion verordnet habe.
Wenn Paule jetzt alle zwei Wochen zur Akupunktur kommt, muss er immer auf die Waage.
Der Erfolg gibt uns recht. Nach vier Wochen zeigt der schon etwas leichtere Rüde ein deutlich besseres Gangbild. Seine Besitzer freuen sich, dass Paule beim Spaziergang wieder voran läuft und sogar zum Spielen auffordert.

Gesunde Gelenke erhalten

Hinter der Bezeichnung Chondroprotektiva verstecken sich Knorpelschutzstoffe wie Grünlippmuschelextrakt, Glucosamin, Chondroitin, MSM oder Kollagenhydrolysat. Sie können den Gelenkknorpel geschmeidig halten und vor Abbau schützen. Dafür müssen sie ausreichend hoch dosiert sein und über längere Zeit gegeben werden. Bei größeren und sportlich aktiven Hunden sowie bei Rassen mit bekannter Disposition zu degenerativen Gelenkerkrankungen empfehle ich eine Dauergabe spätestens ab Beginn der zweiten Lebenshälfte. So bleibt der Gelenkknorpel elastisch und widerstandsfähig. Regelmäßige angemessene Bewegung dient zusätzlich der Erhaltung der physiologischen Gelenkfunktion.

Spondylose und andere Wirbelsäulenprobleme

Lennox will nicht mehr ins Auto springen. Eigentlich mag er kaum noch laufen, und beim Erstbesuch in meiner Praxis steht er wie ein Häufchen Elend da, den Rücken aufgewölbt, die Augen glanzlos. Der achtjährige Mischling hat „Rücken".

Lennox: Schmerzen durch Spondylosen

Natürlich waren seine Besitzer schon zum Röntgen in der Tierklinik. Deutlich sind an den Wirbeln der Lendenwirbelsäule Knochenhaken zu sehen, sogenannte Spondylosen. Diese scheinen auf die Nerven zu drücken – und das tut weh.
Spondylosen sind weit verbreitet. Je älter und größer der Hund, desto häufiger sind sie. Die Behandlung von Rückenschmerzen durch Spondylosen entspricht der Schmerzbehandlung bei Arthrosen. Auch Lennox bekommt eine Pflanze mit entzündungshemmender und analgetischer Wirkung: die Teufelskralle. Am Anfang in hoher Dosierung, für seine 25 Kilo Gewicht täglich 5 Gramm Wurzelpulver. Nach vier Wochen – Lennox geht es wieder gut - halbieren wir die Dosis für einen weiteren Monat. Danach verordne ich ihm eine Kombination von Weidenrinde und Weihrauch. Zusätzlich halten regelmäßige Akupunkturbehandlungen den

freundlichen Mischling beweglich und schmerzfrei.
Neben Spondylosen sind bei Hunden Bandscheibenvorfälle eine häufige Diagnose in der Tiermedizin. Hier muss grundsätzlich abgewogen werden, ob ein chirurgischer Eingriff notwendig ist, oder ob man mit konventioneller Behandlung aus Physiotherapie, Akupunktur und individuell angepasster Schmerztherapie besser fährt. Aus der Kräuterheilkunde verwendet man die gleichen Analgetika wie bei Spondylosen und Arthrosen. Damit die Bandscheiben lange Zeit elastisch und widerstandsfähig bleiben, ist – wie für die Gelenkknorpel – ein Futterzusatz mit Chondroprotektiva sinnvoll. Bei Rassen mit Veranlagung zu Bandscheibenvorfällen sollte man damit idealerweise schon in jungen Jahren beginnen.

Die besten Vitalpilze für den Bewegungsapparat

Schon wegen ihres Gehalts an Aminosäuren sind Vitalpilze ein wunderbares Nahrungsergänzungsmittel, das auch den Gelenken zugutekommt. Die entgiftende Wirkung tut ein Übriges, denn so werden die Gelenke befreit von Schlacken und Ablagerungen. Diese Pilze sind bei Skeletterkrankungen am wertvollsten:

- **Auricularia** hat eine durchblutungsfördernde Wirkung, die bei Krankheiten des Bewegungsapparates hilfreich ist, besonders bei Arthrosen. Aus dem gleichen Grund wird Shiitake empfohlen.

- Das Allround-Talent **Reishi** wirkt entzündungshemmend, sogar eine kortisonähnliche Wirkung wird ihm nachgesagt. Nicht zuletzt deswegen kann er Schmerzen lindern und die Beweglichkeit verbessern.
- **Cordyceps** kann helfen, Entzündungen einzudämmen und zu beenden. Seine belebende Wirkung bringt weitere Vorteile, besonders bei älteren Patienten.
- Einen positiven Effekt auf Sehnen und Bänder bringt **Pleurotus** mit. Er entspannt Muskeln und Sehnen, seine schmerz- und entzündungshemmenden Wirkstoffe tun zusätzlich gut.
- Bei Problemen mit dem Nervensystem, etwa Ataxie oder Nervenquetschung, kann **Hericium** die Heilung unterstützen.

Extra: Schmerzen erkennen

Beim akuten Schmerz geben Hunde und Katzen mal kurz Laut. Auch ein deutliches Humpeln dürfte jedem Tierhalter auffallen. Chronische Schmerzen aber zeigen Miez und Mops häufig so dezent, dass vielen Frauchen und Herrchen gar nicht bewusst wird, wie sehr ihr Liebling leidet. Wir achten daher auf diese Anzeichen von Schmerzen bei Hunden:

- Veränderte Körperhaltung
- Unruhe
- Hecheln, Speicheln
- Leeres Schmatzen, leeres Schlecken (der Luft oder an Möbeln)
- Sich beknabbern, sich belecken
- Vermeidung von Bewegungen, insbesondere Springen
- Vermeidung von Berührungen
- Sich-Zurückziehen
- Apathie und Appetitlosigkeit
- Katzen können zusätzlich noch subtilere Zeichen setzen:
- Unsauberkeit
- Fehlendes Putzverhalten
- Angst oder Aggressivität

Heilkräuter bei Krebserkrankungen

KAPITEL 14

„Es riss mir den Boden unter den Füßen weg", höre ich immer wieder, wenn Klienten mir von einer Krebsdiagnose berichten. Und das kommt leider nicht selten vor. Krebs ist bei Hunden und Katzen eine der häufigsten Todesursachen. Bevor die Schulmedizin sich in der Onkologie mit Chirurgie, Chemie und Strahlen etablierte, war aber auch in diesem Krankheitsgebiet die Kräuterheilkunde eine der wenigen Therapien, mit denen man den Kampf gegen bösartige Tumoren aufnahm.
Beim Krebs handelt es sich im Prinzip um eine Entartung von Körperzellen. Sie beginnen ein unkontrolliertes Wachstum und sie entziehen sich der Apoptose, dem kontrollierten Zelltod. Gleichzeitig tarnen sie sich, so dass das Immunsystem sie nicht erkennt und somit nicht eliminieren kann. Das Tempo von Wachstum und Absiedelung, der Metastasierung also, ist abhängig von der Art des Tumors und des betroffenen Gewebes.
Zu einigen Heilpflanzen wie zum Beispiel dem Salbei gibt es überlieferte Angaben zur Wirkung gegen Krebs. Heute verlässt man sich lieber auf die evidenzbasierte Wissenschaft. Und die konnte zum Salbei

in modernen Studien belegen, dass das altbekannte Heilkraut Tumorwachstum hemmt, indem es die Blutversorgung der bösartigen Zellen kappt.

In der Krebstherapie haben sich noch weitere Pflanzen bewährt:

- **Katzenkralle** hilft Menschen, die Chemotherapie besser zu vertragen. Aber das Lianengewächs aus dem Regenwald kann auch Krebszellen am Wachstum hindern und zur Selbstzerstörung bringen, die Apoptose anregen. So kann ein weiteres Ausbreiten einer Krebserkrankung verhindert werden. Weitere Forschungen laufen.
- **Artemisia annua**, der Einjährige Beifuß, hat schon Karriere in der Malariabehandlung gemacht. Inzwischen weiß man, dass die Wirksubstanz Artemisinin Krebszellen in den programmierten Zelltod treiben kann, wobei eine zusätzliche Nahrungsergänzung mit Eisen den Erfolg noch verstärken soll.
- Bekannt bei den komplementären Verfahren zur Krebsbehandlung ist die **Misteltherapie**. In der Humanmedizin wird das gut erforschte Heilverfahren häufig begleitend zur Chemotherapie eingesetzt, um die Lebensqualität des Erkrankten zu verbessern. In der tiermedizinischen Praxis bestätigt sich das. Gleichzeitig können Tumorwachstum, Metastasierung und Rezidivbildung verringert werden.
- **CBD-Öl** wird heutzutage allzu oft als wahres Zaubermittel gegen Krebs angepriesen. Vereinzelte Erfahrungsberichte im Internet suggerieren, dass alleine mit der Einnahme dieses Hanfinhaltsstoffes Tumorerkrankungen trotz ärztlich bestätigter, tödlicher Prognose geheilt wurden. Wir sollten keine Wunder erwarten. Aber immerhin: Eine ganze Reihe von Studien liefert deutliche Hinweise, dass Cannabidiol Krebswachstum hemmen und das Überleben verbessern kann. Wahrscheinlich hat CBD einen Einfluss auf Immunzellen, die auf das Detektieren und Eliminieren von Krebszellen spezialisiert sind. Grund genug, CBD neben anderen hier genannten Heilkräutern im Kampf gegen eine Tumorerkrankung mit ins

Boot zu nehmen.

- Begleitend arbeite ich mit verschiedenen anderen Behandlungsformen, die ich teilweise als Kuren, teilweise langfristig einsetze. Das Komplettprogramm erhöht die Chancen, noch viel Zeit miteinander zu haben. **Wichtig**: Die Krebserkrankung eines Haustieres ist nicht zur Selbstbehandlung geeignet. Dass eine schulmedizinische Therapie durch den Tierarzt durchgeführt wird, ist klar. Er sollte lückenlos darüber informiert sein, mit welchen Naturheilverfahren der Tierheilpraktiker den Patienten begleitend unterstützt. Dieser berät zusätzlich hinsichtlich der besten Ernährung. „Krebs mag keine Himbeeren", lautet der Titel eines Buches über Nahrungsmittel, die beim Kampf gegen die gefürchtete Erkrankung helfen sollen. Auch bei unseren Hunden und Katzen ist die Fütterung ein wichtiger Baustein in der Therapie. Jeder weiß es doch inzwischen: Nahrung ist Medizin.
- **Einheimische Superfoods** wie **Brombeeren** und **Himbeeren** darf der Hund frisch essen. Sie sind reich an Anthocyanen, einem Farbstoff, der Körperzellen vor Entartung schützt. **Brokkoli**, gedünstet oder als gekauftes Brokkolipulver gefüttert, hat ebenfalls krebswidrige Inhaltsstoffe. Die Liste setzt sich fort mit **Möhren** und **Rote Bete, Hagebutten** und **Kresse**. Infolgedessen rate ich meinen Klienten grundsätzlich, gezielt die Fütterung zu optimieren: Pimp the Food!

Lilly hängt noch ein paar Jahre dran

Es gibt immer wieder Patienten, bei denen ich aufgrund des Alters und der Diagnose beim Erstbesuch in meiner Praxis nicht darauf wette, dass wir uns noch oft oder gar jahrelang sehen werden. Die kleine Pinschermixhündin Lilly gehörte dazu. Ein Jahr vor ihrem Erstbesuch in meiner Praxis hatte man ihr die komplette rechte Gesäugeleiste entfernt, die von Mammatumoren befallen war. Jetzt waren an den Zitzen der linken Seite zwei neue Knoten zu sehen, einer so groß wie eine Haselnuss, der andere nur unwesentlich kleiner. „Ich will ihr nicht noch eine Operation zumuten", erklärte Frauchen Andrea entschlossen. „Sie hat den Eingriff so schwer überwunden. Und außerdem weiß ich selbst, mit welchen Schmerzen das verbunden ist." Ja, Andrea hatte selbst erst vor wenigen Monaten eine Krebsoperation überstanden. Ich spürte ihre großen Ängste vor der Krankheit und um ihr kleines Hündchen, aber auch ihr Vertrauen in mich, das ich keinesfalls enttäuschen wollte. Und das bei dieser Diagnose...

„In Ordnung", beschloss ich, „dann müssen wir Lilly eben helfen, sich gegen den Krebs zu wehren. Es hängt alles an ihrer Abwehr." Genau da auf zielte mein Therapieplan. Kurweise setzte ich Komplexhomöopathie und Mykotherapie ein, mit wechselnden Komponenten, um das Immunsystem auf verschiedenen Ebenen zu stärken. Dies ergänzte ich mit einer speziellen Akupunktur und Organotherapie. Zusätzlich optimierten wir Lillys Ernährung und reicherten diese mit

heilkräftigen Kräutern an. Sie bekam sechs Wochen Katzenkralle, dann zwei Wochen Weihrauch. Danach wieder die Katzenkralle, abgelöst von Propolis. Parallel verordnete ich eine dreiwöchige Beifuß-Essenkur und Hanftropfen (CBD). Und ganz viel Liebe.
Nein, es gab kein „Hex hex und der Tumor ist weg". Aber die Geschwüre wuchsen nicht weiter, sie bildeten sich phasenweise sogar deutlich zurück. Und Lillys Allgemeinbefinden war und blieb fantastisch. 12 Jahre alt war sie bei ihrem ersten Besuch. Nach ihrem 15. Geburtstag dankte ich dem Universum (oder wer auch immer zuständig ist), weil erfahrungsgemäß uns Menschen der Abschied von unserem Tier leichter fällt, wenn es ein akzeptables Alter erreicht hat.
Nun, Lilly war noch lange nicht bereit zu gehen. In den Folgejahren entwickelte sie typische Altersleiden, die wir mit der Naturheilkunde gut lindern konnten. Wenn einer der Tumoren mal wieder etwas wuchs, bekam Lilly dagegen mehr Unterstützung. Ziemlich taub und blind feierte sie schließlich ihren 18. Geburtstag, bevor Andrea ihr aufgrund einer ausgeprägten Organ- und Altersschwäche über die Regenbogenbrücke half. Übrigens: Auch Andrea blieb gesund.
Ich möchte ausdrücklich darauf hinweisen, dass ich nicht prinzipiell von Krebsoperationen abrate. Jeder Fall ist anders! Aber wenn Tierbesitzer mit dieser Entscheidung zu mir kommen, dann sehe ich es als meine Aufgabe an, sie und ihr Tier bestmöglich zu unterstützen. Im Idealfall bleibt dabei weiterhin der Tierarzt an unserer Seite, um nötigenfalls schulmedizinische Hilfe zu leisten.

Nachbehandlung / Prophylaxe

Die Therapie einer Krebserkrankung ist das eine. Was in der Praxis oft vernachlässigt wird, ist die Nachbehandlung, um erneutem Tumorwachstum vorzubeugen. Ich erkläre das meinen Tierhaltern so: „Den Tumor kannst du

wegschneiden – die Krebsveranlagung bleibt". Nachdem bei einer Hündin die Mammatumoren entfernt wurden oder wenn bei einem Hund die tumoröse Milz herausgenommen wurde, ist das Thema für den Körper nicht beendet. Jetzt kommt es darauf an, sein Immunsystem so zu unterstützen, dass er noch zirkulierende Tumorzellen und Mikrometastasen identifizieren und eliminieren und sich langfristig vor neuer Krebsansiedelung schützen kann.
Dabei können wir auf die schon genannten antitumoralen Kräuter zurückgreifen, die wir als alternierende Kuren zufüttern. Auch die Heilpflanzen aus dem Kapitel „Immunaufbau" (Seite 36) eignen sich. Und ganz wichtig ist natürlich die Fütterung und eine hohe Lebensqualität.

Vitalpilze

Tumorerkrankungen sind das bekannteste Einsatzgebiet von Vitalpilzen. Die in ihnen reichlich enthaltenen Polysaccharide sind als antitumoral wirksames Prinzip anerkannt. Schon vorher war auffällig, dass in einigen Gegenden Krebsleiden extrem selten vorkamen – Gebiete, in denen bestimmte Pilze zur normalen Ernährung gehörten. Die Forschung bringt unterschiedlichste Ergebnisse hervor. In den USA und Japan sind einige Vitalpilze als Anti-Krebsmittel zugelassen und fester Bestandteil der integrativen Krebstherapie.
Die Mykotherapie ist nicht als Ersatz für eine andere Behandlung zu sehen. Nach Stand des Wissens kann sie dem Tumorpatienten aber wertvolle Dienste leisten. Aus zwei Gründen wird sie auch begleitend zur Chemotherapie empfohlen: Möglicherweise wird die Empfindlichkeit der Krebszellen gegenüber Chemotherapeutika erhöht und der Körper gegen die Nebenwirkungen der Medikamente gestärkt.
Fast alle Vitalpilze haben eine präventive oder therapeutische Wirkung gegen Krebs. Am meisten werden diese empfohlen:

- **ABM** mit seiner starken immunaktivierenden Wirkung kann Krebswachstum bremsen und die Apoptose von entarteten Zellen fördern. Bei seinem Einsatz sind aber die Leberwerte zu kontrollieren.
- **Reishi** gilt als wichtigster Pilz, weil er das Wachstum jeglicher Tumorzellen hemmen und die Metastasierung verhindern kann. Seine Wirkung kann man durch die gleichzeitige Einnahme von Vitamin C optimieren. Er verringert zudem die Nebenwirkungen von Chemo- und Strahlentherapien.
- **Maitake** wird in Japan standardmäßig bei Magen- und Darmkrebs eingesetzt, ist dort sogar als Krebsmedikament zugelassen. Eine Hemmung des Tumor- und Metastasenwachstums zeigt sich bei vielen Krebsarten, weswegen Maitake zu den Basispilzen in der Krebstherapie zählt.
- **Cordyceps**: Besonders sein Wirkstoff Cordycepin kann Tumorzellen abtöten, indem er Wachstum und Teilung behindert - wenigstens im Reagenzglas. Weitergehende Studien laufen.
- Beim **Shiitake** heißt das entscheidende Polysaccharid Lentinan, das in Japan, China und den USA als Krebsmedikament zugelassen ist. Unter anderem gilt es als wirksam bei Magen-, Lungen- und Brustkrebs.
- Ein weiterer Begleitpilz kann **Pleurotus** sein, der antitumorale Wirkstoffe hat und das Immunsystem stärkt.
- Der **Polyporus** schließlich bewies schon im Tierversuch, dass er Brust-Tumoren zum Schrumpfen brachte. Auch weiß man, dass er die Blasenschleimhaut schützt, was die Rezidivgefahr von Blasenkarzinomen verringert.

Wichtig: In der Tumortherapie sollte man nicht das Pilzpulver verwenden, sondern die Extrakte, die bis zu 20fach konzentrierter sind.

Heilkräuter für das Seniortier

Was ist altern? Rein biologisch ein nicht umkehrbarer Prozess, der nach und nach zum Verlust der gesunden Körper- und Organfunktionen führt und schließlich mit dem Tod endet. Mit steigendem Alter erhöht sich das Risiko für diverse Leiden wie Organinsuffizienzen, Herz-Kreislauferkrankungen, degenerative Erkrankungen des Bewegungsapparates, Immunschwäche oder Krebs.
Vorbeugen ist besser als Heilen – dieses Sprichwort kennt jeder. Die größte Garantie auf ein langes, gesundes Leben bieten gesunde Ernährung, altersgerechte Bewegung und viel frische Luft. Um sich vor den Folgen der ständigen Belastung von Umwelteinflüssen wie Luftverschmutzung, Toxinen und Stress zu schützen, ist die regelmäßige Entgiftung (Seite 43) ein guter Ansatz. Damit können wir für eine längere Fitness der Organe sorgen, weil wir sie vor Überlastung schützen.

Hier ist eine Übersicht der in der Geriatrie wertvollsten Heilpflanzen:

- **Um die Niere und die Harnwege zu entlasten und zu stärken:**
  Birke, Brennnessel, Kürbiskerne, Bockshornklee, Giersch, Löwenzahn, Schafgarbe, Ackerschachtelhalm, Goldrute
- **Um die Leber zu schützen und zu stärken**:
  Mariendistel, Löwenzahn, Bockshornklee
- **Um Herz und Kreislauf zu unterstützen:**
  Weissdorn, Ginkgo, Omega-Fettsäuren, Knoblauch, Mistel
- **Um den Bewegungsapparat kräftig und flexibel zu halten:**
  Ackerschachtelhalm, Hagebutten, Omega-Fettsäuren, Knorpelschutzstoffe (Chondroprotektiva), Cissus quadrangularis
- **Um das Immunsystem zu stärken:**
  Siehe Kapitel 5, Seite 36
- **Um die Stressresistenz und -adaption zu verbessern**:
  Rosenwurz, Baldrian, Johanniskraut, Ashwagandha, Hopfen

Man kann pauschal einige Heilpflanzen präventiv einsetzen, um unspezifisch den verschiedenen Organfunktionen wieder ein bisschen auf die Sprünge zu helfen. Dafür eignen sich unsere einheimischen Multitalente: Wir geben immer mal Löwenzahn und Brennnessel ins Futter und sorgen mit der Futterergänzung durch Öle für eine ausreichend hohe Versorgung mit Omega-Fettsäuren. Zusätzlich unterstützen wir unseren vierbeinigen Liebling konkret an den Stellen, wo er es nötig hat. Welche Rezepte bei individuellen Beschwerden hilfreich sind, steht in den

KAPITEL 15

entsprechenden Kapiteln.
Da altersbedingt das Immunsystem in seiner Leistungsfähigkeit nachlässt, sollten wir auch hier eingreifen. Zur Prophylaxe ist ideal, was man vor der Haustür pflückt, im Balkonkasten pflanzt oder im Bioladen kauft: Kapuzinerkresse und Bockshornkleesamen, Brombeeren und Holunderblüten. Wir gönnen unserer Grauschnauze immer abwechselnd für einige Tage das eine oder andere Immunstimulanz. Bei Verdacht auf einen Infekt boostern wir die Abwehr mit Sonnenhutpräparaten.

Vitalpilze für den Seniorhund

Cordyceps ist mit seiner nierenstärkenden Wirkung ein wichtiger Kandidat für unsere Grauschnauzen, denn vorzeitige Alterserscheinungen wie Schwerhörigkeit, nachlassende Sehkraft und graue Haare stehen nach TCM mit den Nieren in Verbindung. Cordyceps kann auch die Gedächtnisleistung bei Demenz verbessern.

Heilkräuter zum Schutz vor Parasiten

KAPITEL 16

Schutz vor Flöhen und Zecken

Wenn Miez und Mops von Flöhen oder Zecken traktiert werden, ist die Not groß. Deswegen sind Mittel zur Abwehr so beliebt. Doch leider sind die meisten nicht ganz ungefährlich. Halsbänder, Spot ons und Tabletten arbeiten mit Nervengiften, was immer ein gewisses Risiko mit sich bringt.

Flocke zieht Zecken an

Parasitenschutz ohne Nervengifte – danach fragt mich Sabrina, die mir ihre Kuvasz-Hündin Flocke vorstellt. Flocke hat leider eine hohe Anziehungskraft auf Zecken und aufgrund ihres dichten Fells sind die Quälgeister nur schwer zu finden. „In den letzten Jahren hat Flocke Spot ons bekommen. Jetzt reagiert sie aber allergisch drauf. Eingeben möchte ich nichts."
Zum Glück gibt es ungiftige Möglichkeiten, sein Tier vor Ektoparasiten zu schützen. Was Zecken angeht, ist es am einfachsten, nach Spaziergängen den Hund abzusuchen. Zecken krabbeln immer einige Zeit auf ihrem Wirtstier herum, bevor sie andocken. Gerade bei hellen Hunden sind sie gut im Fell zu sehen. Auf kurzhaarigen Tieren lassen sich die Quälgeister mit dem Flohkamm entfernen. Die aufgefundenen Zecken sollte man verbrennen.

In Flockes dickem Pelz können sich die Biester natürlich gut verstecken. „Wir müssen mit einem Mittel arbeiten, das die Zecken abhält", erkläre ich Sabrina. Um ihren Hund unattraktiv für Zecken zu machen, mischen wir ein Spray auf Basis von ätherischen Ölen. Wir mischen 1 Teil Apfelessig mit 5 Teilen Wasser und geben einige Tropfen der Öle dazu. Es eignen sich (einzeln oder Kombinationen aus maximal drei Ölen) Lavendel, Koriander, Kümmel, Fenchel, Citronella oder Teebaumöl. „Mit dieser Mischung sprühst du Flocke vor jedem Spaziergang vorsichtig ein. Den Kopf lässt du dabei aus, um Augen und Schleimhäute zu schonen." Kurzhaarige Hunde schützt es, wenn man vor jedem Spaziergang durch die Natur einen Klecks natives Kokosöl im Fell verreibt. Das ist sogar für Katzen gut verträglich. Die gleichen Maßnahmen halten auch Flöhe ab. Neigt ein Tier dazu Hautparasiten einzuladen, sind ein Immun-

aufbau und eine Futteroptimierung eine gute Idee. Zecken und Flöhe befallen nicht alle möglichen Opfer gleichermaßen. Vermutlich richten sie sich nach dem Körpergeruch – und der ist bei schlecht ernährten oder immunschwachen Tieren für Quälgeister deutlich attraktiver.
Übrigens: Bei Flohbefall muss die ganze Umgebung behandelt werden, da die Nachwuchsgenerationen nicht auf dem Wirt, sondern in Teppichen, Fußbodenritzen und Hundebetten heranwachsen. Geeignet ist Kieselgur, ein feines Pulver, das den Chitinpanzer des Parasiten zerstört, oder ein ungiftiges Spray auf Silikonbasis.
Wenige Wochen nach einem Flohbefall ist eine Kotprobe wichtig, weil Flöhe Würmer übertragen können.

Vorsicht mit den Samtpfoten

Für Katzen sind ätherische Öle eher ungeeignet, Teebaumöl ist für sie sogar höchst giftig. Falls der Freigänger sich öfter Zecken „einfängt", empfehle ich ein natürliches Repellent (abschreckender Wirkstoff) aus dem Handel. Es ist wichtig, dass das Produkt explizit für Katzen geeignet ist. Leider kommt es immer wieder zu schweren Vergiftungen, wenn Katzen mit Antiparasitika für Hunde behandelt werden. Schon wenn die Katze vom Hund das chemische Spot on abschleckt, kann dies tödlich enden.

Verwurmung

Zwei- bis zwölfmal jährlich wird die Verabreichung einer „Wurmkur" empfohlen. Und das meistens auf Verdacht. Hunde und Katzen haben eben Würmer. Echt jetzt?
Eben nicht. Recherchiert man einmal Untersuchungen über Wurmbefall bei Hunden, landet man bei Zahlen von weit unter 10 Prozent. Nur bei Welpen und Junghunden gibt es häufigere Belastungen.
Weitaus die meisten Hunde haben also

in ihrem Erwachsenenleben niemals Endoparasiten. Warum müssen sie dann regelmäßig Medikamente einnehmen, deren Inhaltsstoffe – Pestizide, also Giftstoffe – nur eliminieren, was vorhanden ist? Die keinerlei prophylaktische, abwehrende Wirkung haben?

Viel sinnvoller (und in anderen Ländern sogar vorgeschrieben) ist es, Kotproben auf Endoparasitosen zu testen und nur im Fall eines tatsächlichen Befalls das Arzneimittel zu verabreichen. Und das Tier, damit es möglichst wurmfrei bleibt, natürlich in der Abwehr zu unterstützen.

Wurmprophylaxe für Hunde

Auch hier gilt: Ein Hund, der zu Wurminfektionen neigt, braucht ganzheitliche Hilfe. Einmal Darmsanierung und Immunaufbau, bitte! Davon abgesehen können wir zusätzlich gezielt den Darm so einrichten, dass er für Endoparasiten so ungemütlich wird, dass sie dort gar nicht einziehen wollen.

Zwei Rezepte zur Auswahl:

Zweimal wöchentlich ins Futter geben:

Pro 10 kg Hundegewicht

- 1 Esslöffel Kokosöl oder -raspeln
- 1 Teelöffel getrockneter Oregano

Oder zu gleichen Anteilen mischen:

- Wermut- oder Beifußkraut
- Gemahlene Walnussblätter
- Kokosraspeln
- Gerebelter Thymian
- Gemahlener Ingwer
- Gemahlene Kürbiskerne

Von dieser Mischung 1 bis 1,5 Gramm pro 10 Kilo Körpergewicht Hund einmal wöchentlich ins Futter geben.

Andere wurmwidrige Lebensmittel sind Bärlauch, Wilder Majoran, Meerrettich oder Mariendistel. Sie lassen sich ebenfalls ins Futter geben, sporadisch oder als Kur. Auch Knoblauch gehört dazu und ist in kleinen Dosen für den Hund völlig ungefährlich.

Wird bei der Analyse des Kots festgestellt, dass unser Hund tatsächlich Würmer beherbergt, dann gibt es natürlich Kuren mit Hausmitteln wie Rizinusöl. Solche überlieferten „Kuren" können aber für den Hund recht drastisch sein, und das bei unsicherem Ergebnis. Den-

noch müssen wir nicht zu chemischen Entwurmungsmitteln greifen. Alternativ gibt es verschiedene Fertigpräparate auf Kräuterbasis, die den gleichen Zweck ohne Pestizide und Nervengifte erfüllen .
Manchmal greifen sogar einfachste Mittel aus unserem Haushalt.

Chicky wurde die Untermieter nicht los

Wie beim Border Collie-Mix Chicky. Dreimal hatte ihre Besitzerin schon Wurmtabletten aus der Tierarztpraxis verabreicht. Doch bei jeder Kontroll-Analyse wurden erneut Eier vom Hakenwurm gefunden. „Wie werden wir die Dinger nur los?“, fragte Tarja entnervt. Ich empfahl ihr für die 25-Kilo-Hündin dieses Rezept:

- **1 mittelgroße Möhre, geraspelt**
- **Propolis (Erwachsenen-Dosis, entweder vom Imker oder von der Apotheke holen, Tropfen oder Pulver)**
- **1 Esslöffel Kokosöl oder Kokosflocken**

Diese Mischung zweimal täglich ins Futter für 10 Tage. Alle 2 Tage eine Knoblauchzehe dazugeben.
Wir warteten nach Beendigung der 10-Tage-Kur noch eine Woche, bevor wir wieder Kot ins Labor schickten. Ergebnis: Negativ! Chicky hatte ihre unerwünschten Untermieter endlich vor die Tür gewiesen.

Wurmprophylaxe für Katzen

Eins ist klar - bei Katzen ist die Lage etwas komplizierter. Es geht schon bei der Analyse los. Während wir beim Stubentiger problemlos Kot für eine Untersuchung aus dem Katzenklo entnehmen können, verstecken Freigänger ihre Ausscheidungen meist so sorgfältig, dass eine Probe unmöglich zu gewinnen ist. Dummerweise sind freilaufende Katzen viel häufiger infiziert. Sie jagen und fressen Kleinsäuger, die als Vektoren der Weitergabe von Endoparasiten dienen und somit unsere Samtpfoten infizieren können. Kleine Rache des Jagdopfers...

Umso wichtiger ist es, unsere Katzen stark gegen Würmer zu machen. Da sie viele Kräuter mit ätherischen Ölen nicht vertragen, sind die Möglichkeiten weniger vielseitig wie bei Hunden. Dazu kommt, dass die meisten Stubentiger sehr wählerisch beim Fressen sind und gerne alles ablehnen, was fremd riecht. Eine Messerspitze Kokosöl aber nehmen die meisten gern, und das ist bei täglicher Verabreichung schon eine gute Maßnahme. Weiterhin erlaubt sind Wermut, Thymian und Kürbiskerne. Aber immer dran denken – Katzen sind

empfindlich gegen ätherische Öle. Um keine Fehler bei der Dosierung zu machen, empfehle ich für die Wurmprophylaxe der Katze ausschließlich im Handel erhältliche Fertig-Kräuterarzneien.

Vitalpilze gegen Parasiten

- Viele Vitalpilze unterstützen die Bildung einer gesunden Darmumwelt und helfen damit dem Körper, sich gegen Parasiten zu wehren. Hier stehen **Reishi** und **Coprinus** im Mittelpunkt.
- **Coriolus** und **ABM** stärken die Abwehr gegen Viren, Pilze und Bakterien und werden auch zum Schutz vor Parasiten empfohlen.

Heilkräuter für die Seele

KAPITEL 17

Angst

Als mir Dorothee am Telefon von ihren Problemen mit Sammy berichtet, biete ich spontan einen Hausbesuch an. Denn Sammy, so erfahre ich, ist ein extremer Angsthund, der nur im eigenen Haus und Garten lebensfähig ist. Jeder Ausflug verursacht Panik und Spontanentleerungen der Analdrüsen.
Viele Angsthunde stammen aus dem Tierschutz. Einige haben in ihrem früheren Leben schlechte Erfahrungen gemacht und müssen erst Vertrauen zu Menschen aufbauen, damit sie ihre Ängste vergessen. Anderen Tieren fehlten in der Phase der Prägung wichtige Umwelteindrücke. Dies betrifft besonders Hunde und Katzen aus den sogenannten Puppymills, den unsäglichen Vermehrerstationen in Süd- und Osteuropa, wo die Tierkinder ihre ersten Lebenswochen in dunklen Verschlägen, in reizarmer Umgebung verbringen. Stellen Sie sich vor, Sie führten Ihr bisheriges Leben in einem kleinen, dunklen Raum. Nun kommen Sie, nach der abrupten Trennung von Ihrer Familie und nach einem beängstigenden Transport, ins „wahre Leben“: Alles ist fremd. Alles ist neu, laut, grell, beängstigend. Das

bedeutet immensen Stress, der nicht immer nach wenigen Tagen verarbeitet ist. Bei einem Tier mit dunkler Vergangenheit kommt hinzu, dass es nicht intellektuell aufarbeiten kann, niemand kann ihm die Situation erklären.

Sammys Kampf mit der Angst

Sammy war schon ausgewachsen, als Doro und Stefan ihn adoptierten. „Er wurde wohl in Südspanien auf der Straße eingefangen und saß dann über ein Jahr in dem Tierheim, das wir im Urlaub besuchten. Er tat uns so leid. Sobald ein Mensch seinen Zwinger betrat, drückte er sich in die Ecke und erstarrte..." Sie hatten schon zwei Pflegehunde mit Angstproblemen gehabt und trauten sich zu, Sammy helfen zu können. „Dass es so schwer wird, hätten wir niemals gedacht."
Nach 14 Monaten des Zusammenlebens hat Sammy gelernt, dass von seinen Menschen in seinem Zuhause keine Gefahr ausgeht. Solange man nicht auf ihn zugeht: „Wenn er nur eine Ahnung hat, dass wir etwas von ihm wollen, schaltet er instinktiv in den Fluchtmodus. Wir können ihn nicht einmal stressfrei anleinen." Und ohne Leine gibt es keine Ausflüge. Nicht zum Spazierengehen, nicht zum Tierarzt, nicht zur Tierheilpraktikerin
Während mir Doro an ihrem Küchentisch die Geschichte des mittelgroßen Mixes erzählt, sitzt dieser auf seinem Kissen in der Zimmerecke und behält uns skeptisch im Auge. Zum Test gehe ich einmal langsam und bedächtig auf ihn zu. Er verharrt zwar auf seinem Platz, doch ich sehe schon aus der Entfernung, wie sich sein Körper in Panik versteift und die Augen ganz groß und rund werden.
„Manche Angsthunde brauchen Jahre, um Vertrauen zu fassen", erklärte ich Doro. Ich hatte selbst viele Jahre einen Hund mit tiefen Narben am Körper und an der Seele: „Er wurde bei uns ein glücklicher Hund, und dennoch behielt er bis zum Schluss einen Rest Misstrauen gegen Menschen in sich. Ich bin mir sicher, er hatte gute Gründe."
Viel Geduld und ein klarer Alltag helfen Hunden und Katzen, Ängste zu bewältigen. Den langen Prozess können wir mit verschiedenen natürlichen Mitteln unterstützen.
Ich verordne Sammy einen Tee aus Baldrianwurzel, Johanniskraut und Lavendel. Die Drogen werden zu gleichen Teilen (je 1 Teelöffel getrocknetes Kraut) gemischt und mit einem viertel Liter heißem Wasser übergossen: „Lass die Mischung acht bis zehn Minuten ziehen und gib den abgekühlten Aufguss ins Futter. Ein Viertelliter reicht bei Sammy für drei Tage." Die Veränderung wird nicht innerhalb von drei Tagen erfolgen, aber Sammy sollte sich nach und nach entspannen und zuver-

sichtlicher durch die Welt gehen. „Wenn du das Gefühl hast, dass diese Teemischung ausgewirkt hat, dann wechselst du auf eine Kombination mit Hopfen, Melisse und Baldrian oder Passionsblume." Eine weitere Alternative wäre die Beifütterung von Cissus quadrangularis, das in Versuchen eine angstlösende Wirkung nach sieben Tagen zeigte.

Wir ergänzen die Therapie mit einem auf Sammys Probleme abgestimmten Bachblütenrezept. Weiterhin rate ich Doro, einen Hundetrainer kommen zu lassen. „Er zeigt dir, was du an deiner Körpersprache ändern kannst, damit Sammy nicht fliehen muss."

Wie ich angekündigt habe, braucht Sammy noch viel Zeit, um sich von seinen schlimmen Erfahrungen zu lösen und Vertrauen aufzubauen. Doch bereits nach wenigen Wochen ist Dorothee zuversichtlich: „Ich kann ihm jetzt ein Geschirr umlegen und wir gehen täglich die Straße rauf und runter. Wir haben endlich das Gefühl, dass Sammy es genießt, kleine Schritte vorwärts zu machen und eine bessere Welt kennenzulernen." Schöner hätte ich es nicht sagen können.

Beim alternden Tier kann Angst übrigens durch eine Demenz ausgelöst oder verstärkt werden. Ab Seite 64 finden Sie Möglichkeiten, das Kognitive Dysfunktionssyndrom zu lindern oder die weitere Entwicklung zu verlangsamen.

Für Katzen mit Angstproblemen eignen sich diese Kräuter: Kamille, Lavendel, Melisse, Katzenminze. Es gibt verschiedene Fertigprodukte, in denen beruhigende Heilpflanzen kombiniert sind. Da bei frischen oder getrockneten Drogen der Wirkstoffgehalt nicht zu bestimmen ist, sind solche Präparate gerade für Katzen sicherer in der Anwendung.

Auch die Ernährung spielt bei der Behandlung von Angstproblemen eine Rolle. Eine optimale Versorgung mit B-Vitaminen und Magnesium ist ebenso wichtig für das Nervensystem wie ein angemessener Gehalt von hochwertigen Aminosäuren (insbesondere L-Tryptophan).

Stressadaption

Die Reaktionen auf aufregende Ereignisse sind bei unseren Haustieren genauso unterschiedlich wie bei uns Menschen. Der eine nimmt mit stoischer Gelassenheit jede Situation an und lässt sich nicht aus der Ruhe bringen. Der andere flippt schon bei kleinen Veränderungen aus, entwickelt Angst oder Panik, Abwehrverhalten oder körperliche Symptome wie Durchfall und Erbrechen.

Die Möglichkeit, sich an Stressauslöser anzupassen, nennt man Stressadaption. Sie kann verbessert werden durch Ashwagandha, einer indischen Pflanze, die beruhigt und bei der Anpassung an aufregende Situationen hilft. Eine Alternative dazu ist Rosenwurz, das ebenfalls die Stressadaption fördert und zur Stabilisierung des Nervensystems beiträgt. Gleichzeitig dürfte sich das geistige Leistungsvermögen bessern, was sich positiv auf die Denk- und Lernfähigkeit auswirkt.

Aggression

Zeigt sich der Hund in bestimmten Situationen aggressiv, angriffslustig oder sogar bissig, sollten Sie unbedingt einen Trainer konsultieren. Er muss defi-

nieren, was der Hintergrund für das Verhalten ist. Handelt es sich um eine Angst-Aggression, kann man das Training mit den Mitteln unterstützen, die ich im Abschnitt „Angst" genannt habe. Erkennt der Trainer andere Beweggründe, helfen euch die beruhigenden Mittel, die im Abschnitt „ADHS" folgen. In jedem Fall gehören Bachblüten zur Therapie. Lassen Sie sich von einem Therapeuten ein individuelles Rezept für Ihren Hund erarbeiten.

Bei Hunden und Katzen, die scheinbar grundlos aggressive Verhaltensweisen entwickeln, ist eine eingehende medizinische Untersuchung notwendig. Häufig stecken schmerzhafte Gesundheitsstörungen dahinter.

ADHS

Den Begriff Aufmerksamkeits-Defizit-Hyperaktivitäts-Störung kennt man eigentlich von Kindern. Mehr und mehr setzt er sich auch in der Tiermedizin durch, besonders bei Hunden.

Kommen Hundebesitzer zu mir, weil sie das Temperament ihres Tieres überfordert, kläre ich grundsätzlich diese Fragen:

- **Ist das Tier jung und sein Temperament altersentsprechend normal?**
- **Besteht ein Trainingsdefizit?**
- **Gibt es falsche Erwartungen?**

Oft passen Hund und Halter einfach nicht zusammen, weil der Mensch ganz andere Ansprüche hat, als sein Tier erfüllen kann. Ein junger, kerniger Belgischer Schäferhund ist vielleicht nicht die beste Wahl für einen 78jährigen, fußkranken Rentner.

Steckt eine Schilddrüsenerkrankung dahinter? Bei hyperaktiven Tieren wird gerne ein hormonelles Problem angenommen – es scheint so einfach, durch Hormonsubstitution einen funktionierenden Hund zu bekommen. Die Behandlung aber gestaltet sich oft schwierig. Bis das Tier korrekt auf die Medikamente eingestellt ist, kann viel Zeit vergehen. Und tatsächlich haben wir es häufiger mit Punkt 2, dem Trainingsdefizit zu tun.

Nur wenn diese Ansätze geklärt sind und wenn ein Therapiebedarf erkennbar ist, kann man mithilfe verschiedener Kräuter das überschäumende Temperament ein wenig glätten.

Mila findet keine Ruhe

Bei sehr agilen Rassen ist nicht immer leicht erkennbar, ob das Verhalten noch rassetypisch oder schon pathologisch ist. Mila zum Beispiel geht ihrer Familie fürchterlich auf die Nerven. Die einein-

halbjährige Sheltie-Hündin kommt einfach nicht zur Ruhe. „Wir freuen uns ja, dass sie im Sport und auf Spaziergängen unermüdlich ist", berichtet Frauchen Maike. „Aber sie findet kein Ende. Selbst abends nach 21 Uhr, wenn wir nur noch eine Stunde lesen oder fernsehen wollen, belästigt sie uns ohne Unterlass und will spielen." Sie haben versucht, Mila an eine Kiste zu gewöhnen. „Doch sobald wir die schließen, fängt Mila an zu schreien. Das hält keiner aus."
Für Mila schreibe ich eine Teemischung aus Lavendel und Passionsblume auf. Diese Pflanzen wirken ausgleichend, ohne müde zu machen. Mila soll ja weiterhin tagsüber bei Spiel und Sport Gas geben. Deswegen geben wir Ashwagandha dazu: „Die Pflanze beruhigt und hilft bei der Anpassung an Stresssituationen." Bis die Wirkung eintritt, werden aber einige Tage vergehen.
Mila nimmt den Tee problemlos an, erfahre ich drei Wochen später. „Und gestern ist sie zum ersten Mal abends nach ihrer Fütterung entspannt auf ihrem Platz geblieben und hat sich zufrieden mit ihrem Kauknochen beschäftigt. Ich glaube, wir sind auf einem guten Weg."

Vitalpilze

Verhaltensprobleme gehören nicht zum klassischen Einsatzgebiet von Vitalpilzen. Dennoch gibt es einige Pilze, die bei Stress und damit verbundenen Beschwerden hilfreich sein können:

- **Hericium** kann Unruhe-, Angst- und Spannungszustände lindern. Er ist ein wertvoller Helfer, wenn Ängste Magen-Darmbeschwerden auslösen.
- **Cordyceps** hat Einfluss auf den Hormonhaushalt. Damit kann er den Weg zu einem ausgeglicheneren Wesen ebnen. Er kann angstlösend und antidepressiv wirken. Da er aufputschen kann, ist er bei ADHS nicht geeignet.
- **Reishi** beruhigt den Geist und erregte Nerven und kann so zur Förderung der psychischen Balance beitragen.

Pilz von AdobeStock:Good Studio

Special: Die besten Kräuter für den Sporthund

Immer mehr Hundehalter sind mit ihrem Liebling sportlich unterwegs. Ob Agility, Dogdancing oder Hundelongieren, ob Mantrailing oder Apportieren, es gibt viele Möglichkeiten, den Hund physisch und psychisch auszulasten und dabei die Bindung zu fördern. Gerade bei körperlich anstrengenden Sportarten muss aber der Bedarf an Nahrung und Nährstoffen angepasst werden.
Deswegen lauten die Mengenangaben von Fertigfutterpackungen immer von – bis. Ein Hund, der dreimal täglich an kurzer Leine um den Block schlendert, hat einen viel geringeren Energieverbrauch als der Artgenosse, der mehrmals wöchentlich zehn Kilometer am Fahrrad läuft oder sich beim Hütetraining auspowert. Darauf muss die Ernährung eingestellt werden, nicht nur hinsichtlich der Mengen.
Um die körperliche Leistungsfähigkeit zu optimieren, ist die Versorgung mit Aminosäuren wichtig. Sie werden aus der Nahrung gewonnen. Am meisten enthalten sind sie in hochwertigem Fleischprotein, das in Geflügel oder Fisch zu finden ist. Man sollte dennoch nicht versuchen, einen hohen Energiebedarf alleine über Eiweiß zu decken. Kohlenhydrate sind in der Hundefütterung in Verruf geraten, weil sie häufig mit Getreide gleichgesetzt werden. Sie liefern aber leicht verfügbare Energie und sind für viele Hunde wichtige Nervennahrung. Auch der Fettanteil im Futter darf nicht zu niedrig sein. Die hart arbeitenden nordischen Schlittenhunde decken ihren Energiebedarf sogar zum Großteil über Fett.

Die besten Zusätze für Sporthunde

Vom Fett zu Fettsäuren: Eine Ergänzung mit Omega-3 und -6-Fettsäuren ist für sportlich aktive Hunde unbedingt zu empfehlen. Sie schützen den Bewegungsapparat, steigern die Immunabwehr und sorgen als kleines Extra für schönes Fell. Die wertvollen Omega-Fettsäuren sind in verschiedenen Ölen enthalten, am meisten in Lachs- oder

KAPITEL 18

Fischöl und im Leinöl.
Chiasamen liefern viel Omega 3, und das im Paket mit Antioxidantien, Eisen, Calcium, Vitaminen, Kalium, Bor, Zink, Folsäure sowie lebenswichtige Aminosäuren und Ballaststoffen. Damit stehen Chiasamen im Wettbewerb der Superfoods für Sporthunde ganz oben.
Für ein festes Bindegewebe sorgt Kieselsäure. Sie dient auch der Stabilität von Knochen und Gelenken. Kieselsäure ist in Ackerschachtelhalm reichlich enthalten oder wird als Kieselerde ins Futter gegeben. Dosierung: Pro 10 Kilo Körpergewicht 1 gestrichener Teelöffel / Tag.
Da die Gelenke beim Sport extrem beansprucht werden, drohen ständig Mikrotraumata, kleinste Verletzungen, die langfristig zu degenerativen Strukturveränderungen führen können. Beim Hund entstehen so mit zunehmendem Alter Arthrosen. Wichtig ist daher, die Gelenkknorpel elastisch zu halten und Überlastungsfolgen vorzubeugen. Dazu geben wir spezielle Knorpelschutzstoffe, die sogenannten Chondroprotektiva. Grünlippmuschelextrakt, Kollagenhydrolysat, Chondroitin und Glucosamin sind die wirkungsvollsten. Sie sind als Einzel- oder Kombinationspräparate im Handel erhältlich (Dosierung nach Packungsbeilage). In manchen Kombi-Kapseln ist zusätzlich Weihrauch drin, das kleine Entzündungen durch Mikrotraumata blockieren kann und die Bildung von entzündungshemmenden Botenstoffen anregt.
Cissus quadrangularis wird in vielen Teilen der Welt für die Knochen- und Gelenkheilung eingesetzt, es kann nachweislich auch die Stabilität von Knochen, Sehnen und Bändern verbessern – ideal für Hochleistungssportler.

Die antientzündliche Wirkung bei Arthritis ist ein netter Nebeneffekt.
Ashwagandha schließlich ist ein weiteres großartiges Nahrungsergänzungsmittel für unsere vierbeinigen Sportsfreunde. Dass es die Fähigkeit zur Stressadaption verbessert, kommt uns bei aufregenden Situationen im Training wie bei Turnieren oder Katastropheneinsätzen zugute. Es verbessert dabei Kraft und Ausdauer und kann den Aufbau von Muskelmasse unterstützen. Und ganz nebenbei tut es was fürs Immunsystem.

Die besten Vitalpilze für den sportlichen Hund

- **Cordyceps** stärkt Atmung und Herz und kann die Ausdauer im Sport steigern.
- **Maitake** gibt nicht nur dem Immunsystem ganz viel Power, er hat nach neuesten Forschungen auch eine günstige Wirkung auf die Knochenstabilität.
- Natürlich darf der Tausendsassa **Reishi** nicht fehlen, denn wer wollte auf seine vitalisierende Kraft verzichten?

Die wertvollsten Vitalpilze

Da es sich bei Vitalpilzen nicht um Arzneimittel, sondern um eine Nahrungsergänzung handelt, sind die Pulver und Extrakte im freien Handel erhältlich. Nicht alle Anbieter liefern eine akzeptable Qualität. Wichtig ist, dass der Wirkstoffgehalt stimmt und dass die Pilze nicht mit giftigen Schwermetallen wie Cadmium oder Quecksilber belastet sind, was bei Importware immer wieder passiert. Aus diesem Grund greifen wir möglichst zu Produkten aus deutscher Herkunft. Dabei ist immer der Anbau unter einem Bio-Label zu empfehlen. Warum? Pilze sind bekannt dafür, Umweltgifte zu speichern. Damit sie frei von gesundheitsschädlichen Substanzen sind, sollten Vitalpilze nach den Richtlinien biologischer Landwirtschaft gezüchtet werden.

Heilpilze werden meist als loses Pulver oder in Kapseln angeboten. Wir verwenden bevorzugt Kapseln, denn diese bieten den empfindlichen Vitalstoffen zusätzlichen Schutz und damit eine längere Haltbarkeit. Für unsere Tiere öffnen wir die Kapseln und geben das Pulver ins Futter.

Wir sollten Vitalpilze immer vorsichtig einschleichen. Zur Prävention und begleitend zur Behandlung leichter Erkrankungen eignet sich das Pilzpulver. Braucht es höhere Mengen der Wirkstoffe, etwa bei schweren Virus- oder Krebsleiden, sind die konzentrierteren Extrakte empfehlenswert.

KAPITEL 19

Dosierung

Auf den Packungen von speziellen Haustier-Produkten stehen genaue Einnahmehinweise. Es kann günstiger sein, Präparate für Menschen zu kaufen. Dann ist der Kapselinhalt entscheidend für die Verabreichung. Die Gesellschaft für Vitalpilzkunde empfiehlt diese Tagesdosen:

Tierart	Körpergewicht	Pilzpulver	Pilzextrakt
Hund	bis 10 kg	1 g	250 – 300 mg
Hund	10 – 20 kg	2 g	500 – 600 mg
Hund	20 – 40 kg	3 g	1000 – 1200 mg
Katze	bis 5 kg	1 g	250 – 300 mg
Katze	ab 5 kg	2 g	500 – 600 mg

Die Dauer der Einnahme richtet sich nach den Beschwerden. Bei akuten Symptomen ist meist schon nach wenigen Tagen eine Besserung zu erkennen. Wir geben dem Vitalpilz aber bis zum kompletten Ausheilen eher eine Woche länger. Für präventive Zwecke, etwa zur Unterstützung des Immunsystems, empfehle

ich zwei mehrwöchige Kuren im Jahr

Tritt nach einer angemessenen Einnahmezeit – in akuten Fällen einer Woche, bei chronischen Erkrankungen bis zu vier Wochen – keine Besserung ein, sollte die Auswahl der Pilze überprüft und das Rezept angepasst werden.

Es gibt schätzungsweise 270 Vitalpilze auf der Erde. Aber keine Sorge, wir beschränken uns auf die wichtigsten – Qualität statt Quantität. Für unsere Tiere verwenden wir diese Heilpilze:

ABM - Agaricus blazei Murrill (auch Agaricus brasiliensis / Mandelpilz)

Seine deutsche Bezeichnung erhielt er aufgrund seines mandelartigen Aromas. Der großwüchsige Verwandte des Champignons stammt aus Brasilien, dort wächst er überwiegend in den Bergen von Piedade. Forscher wollten wissen, warum die Bewohner dort so selten an Krebs, Diabetes und Demenz litten – und fanden als Erklärung diesen Pilz.

Inzwischen wird der ABM überall dort kultiviert, wo genug Sonne scheint, denn im Gegensatz zu den meisten anderen Pilzen mag der ABM sonnige Standorte. Für den Einsatz als Lebensmittel ist der ABM eher hochpreisig und kommt nur selten als Spezialität auf den Tisch. Als Vitalpilz hingegen strotzt er vor Heilkraft.

17 verschiedene Polysaccharide analysierte man, davon haben sieben eine krebshemmende Eigenschaft. Dahingehende Studien – man findet hunderte von wissenschaftlichen Veröffentlichungen – lassen auf positive Effekte bei der Behandlung von verschie-

densten Krebserkrankungen schließen. ABM hemmt die Fortpflanzung der Krebszellen und fördert ihre Apoptose, die programmierte Selbstzerstörung. Auch das Risiko einer Metastasenbildung wird gesenkt. In Japan und den USA wird der Mandelpilz daher häufig begleitend zu schulmedizinischen Therapien eingesetzt.

Interessant ist auch seine Wirkung auf das Immunsystem. Der ABM ist reich an Antioxidantien, die freie Radikale abwehren, und stimuliert zudem die Abwehrkraft gegen Bakterien, Viren und andere Krankheitserreger. Er kann auch vor Parasiten schützen.

Zudem hemmt er die Histaminausschüttung und wirkt immunregulierend, was die Allergiebereitschaft vermindern und Autoimmunerkrankungen lindern kann. Dieser Effekt wird noch verbessert in Kombination mit Reishi. Nicht zuletzt hat der ABM eine stärkende Wirkung auf Herz und Kreislauf. Davon profitieren auch Leber und Bauchspeicheldrüse. Und schließlich kann er helfen, den Blutzuckerspiegel zu stabilisieren.

Der ABM sollte nicht gleichzeitig mit Immunsuppressiva (z.B. Kortison) eingenommen werden.

Auricularia polytricha (Judasohr)

Als Speisepilz kennt man ihn als Mu-Err oder Chinesische Morchel. Gekocht fällt die Bilanz seiner Heilkraft allerdings eher armselig aus. Die entscheidenden Wirkstoffe vertragen Temperaturen über 40 Grad nicht.

Wenn Auricularia aber für den Einsatz als Vitalpilz produziert, schonend getrocknet und als Pulver eingenommen wird, bringt er eine ansehnliche Liste an Vorteilen für

die Gesundheit mit.
Er verbessert die Durchblutung und steigert so die Versorgung der Körperzellen mit Sauerstoff. Davon profitieren alle Gewebe, auch das Gehirn, was zumindest für einen Versuch des Einsatzes bei Demenz spricht. Bei Lähmungen aufgrund von Durchblutungsstörungen kann Auricularia möglicherweise helfen.
Zudem entfaltet der Judasohr im Körper entzündungshemmende Effekte, insbesondere auf Haut, Augen und Schleimhäute. Das betrifft auch die Darmstrukturen bis hin zu den Analdrüsen. Über längere Zeit eingenommen, profitieren die guten Darmbakterien vom Auricularia. Da der Vitalpilz regulierend auf das Immunsystem wirkt, ist er eine gute Therapieergänzung bei autoimmunen, chronisch-entzündlichen Darmerkrankungen.
Für trächtige Tiere ist Auricularia nicht geeignet.

Chaga (Birkenpilz, Schiefer Schillerporling)

Sein ursprüngliches Zuhause ist die subarktische Region auf der Nordhalbkugel. Je kälter die Temperaturen in seiner Umwelt, desto konzentrierter bildet er seine Vitalstoffe aus. Mit seiner starken antioxidativen Wirkung bekämpft der Chaga freie Radikale im Körper. Er regt das Immunsystem zu vermehrter Aktivität an und gleicht es ebenso aus. Zudem hat er eine breite antivirale Wirkung. In neuen Studien zeigen sich vielversprechende Erfolge bei der Behandlung von verschiede-

nen virusbedingten Katzenerkrankungen, unter anderem beim Calici- und Panleukopenie-Virus. Allgemein empfohlen wird der Chaga als Stärkungsmittel, zur Krebsprävention und für die Behandlung von Magen-Darm-Leiden.
Der Chaga kann nicht gezüchtet werden. Beim Kauf von Chaga-Produkten ist daher eine unbelastete Herkunft wichtig. Da Chaga viel Oxalsäure beinhaltet, ist er nicht für Patienten mit Nierenschäden geeignet.

Coprinus comatus (Schopftintling)

Pilzsammler kennen den „Spargelpilz" und wissen, dass er sofort verarbeitet werden muss, weil ansonsten nur eine tintenschwarze Flüssigkeit übrigbleibt. Eine gelegentliche Pilzmahlzeit reicht allerdings nicht, um echte Boni für die Gesundheit mitzunehmen. Dafür eignen sich die im Handel erhältlichen konzentrierten Pulver aus Bio-Züchtung.
Sein wichtigstes Talent ist die Senkung des Blutzuckerspiegels, was für den Einsatz bei Diabetes Typ II spricht. Er sollte nicht zusammen mit blutzuckersenkenden Mitteln eingenommen werden.
Er regt sanft die Verdauungstätigkeit an und kann Verstopfungen lösen. Gleichzeitig hilft er, eine gesunde Darmflora aufzubauen und zu erhalten.
Weiterhin hat er eine starke antibakterielle Kraft und ihm wird nachgesagt, bei einigen Krebserkrankungen die Heilung zu unterstützen. Zudem schützt Coprinus die Nerven. Möglicherweise kann er degenerative Prozesse im Gehirn verlangsa-

men und damit Demenzsymptome lindern.

Cordyceps sinensis (Chinesischer Raupenpilz)

Seine Herkunft ist ein wenig gruselig. Als Parasit befällt er die unterirdisch überwinternden Raupen eines Falters, der im Himalaya-Gebirge lebt. Im Frühjahr ist die Raupe Geschichte, und der Pilz wächst unauffällig einem Grashalm ähnelnd an die Oberfläche. Es wundert nicht, dass der Cordyceps wild wachsend kaum zu bekommen ist und wenn, dann ist er unbezahlbar. Man baut ihn heute aber erfolgreich an, wobei er nicht aus Raupen wächst, sondern ganz vegan auf Reis und Getreide. Dadurch ist er auch für Normalverbraucher erschwinglich geworden, und er ist sein Geld wert.
Die Nieren sind dankbare Nutznießer der Heilkräfte des Raupenpilzes. Er stärkt die Nierenleistung, schützt das Gewebe, speziell die Glomeruli, und sorgt für eine verbesserte Ausscheidung von Harnstoff, Harnsäure und Kreatinin. Cordyceps schützt sogar die Nieren vor Belastungen durch Medikamenteneinnahme.
Durch eine Regulierung der Arbeit der Nebennierenrinde können hormonelle Probleme gelindert werden. Stress wird besser vertragen, die Gedächtnisleistung kann sich verbessern. Dazu kommt eine regulierende Wirkung auf die Sexualhormone.
Ein weiteres großes Feld sind die Lungen. Cordyceps ist ein Allrounder bei Erkrankungen der Atemwege. Er steigert das Lungenvolumen und entsäuert den Körper durch die Förderung der Co2-Abatmung. Sportlern wie auch Personen mit Lungenleiden kommt eine Steigerung der Sauerstoffversorgung durch den Cordyceps zugute. Auch Herz, Kreislauf und das Immunsystem bekommen Unterstützung. Insgesamt ist der Chinesische Raupenpilz ein großartiges Geriatrikum.
Cordyceps wirkt zytotoxisch gegen Leukämie-Zellen. Da Katzen den Pilz gut vertragen, kann man ihn bei der FeLV einsetzen.

Coriolus versicolor (Schmetterlingsporling)

Der Schmetterlingsporling ist ein Holzbewohner. Überall auf der Welt findet man seine dünnen, flachen Hüte in der Natur an Bruchholz, aber auch an Holzbalken oder Zaunpfählen, wo er wenig beliebt ist. Nicht nur in Asien ist er schon sehr lange für seine Heilkräfte bekannt.
Coriolus ist einer der stärksten immunstimulierenden Pilze. Er boostert die Abwehr gegen Viren, Pilze und Bakterien und wird auch bei Parasiten empfohlen. Damit hilft er dem Immunsystem in jeder Lebenslage. Auch Herz, Kreislauf und Leber ha-

ben Vorteile durch den Verzehr des Schmetterlingsporlings. Nach schweren Erkrankungen unterstützt er die Regeneration.

In der Krebstherapie verbessert er die Verträglichkeit von schulmedizinischen Therapien und das Allgemeinbefinden. Coriolus kann aber auch Tumorwachstum verringern und die Apoptose von Tumorzellen anregen. Eine Studie zeigte eine deutlich längere Überlebensdauer von Hunden mit Milztumoren (Hämangiosarkome), die für ihren schnellen, tödlichen Verlauf bekannt sind.

Enokitake (Winterpilz, Samtfußrübling)

Sein nussiger Geschmack förderte seine Karriere als Speisepilz. Schon über 1000 Jahre wird er in China kultiviert. Als Vitalpilz ist er noch nicht so bekannt, aber einige Talente sind absolut erwähnenswert. So fiel auf, dass unter Züchtern des Winterpilzes die Rate der Krebserkrankungen auffallend niedrig war. Forschungen belegen, dass er das Wachstum unterschiedlichster Tumoren hemmen kann. In der Praxis wird er häufig begleitend zu Chemo- und Strahlentherapien eingesetzt. Vitalpilz-typisch zeigt auch der Enokitake eine breite, gleichzeitig regulierende und stärkende Wirkung auf das Immunsystem. Er ist zudem hilfreich bei Erkrankungen von Lunge und Atemwegen bis hin zum allergischen Asthma. Er schützt Magen und Leber und ist gut für den Stoffwechsel.

Hericium erinaceus (Igelstachelbart)

Sein Aussehen erinnert ein wenig an eine weiße Fellmütze. Zu seiner Namensgebung führten seine weichen Stacheln, die fast wie Haare aussehen. Wild wachsend findet man ihn überall auf der Nordhalbkugel in feuchten Wäldern, wo er gerne hartes Totholz besiedelt. Während in Asien viel mit dem Igelstachelbart gekocht wird, schätzt man ihn in Europa vorrangig wegen seiner Heilkraft. Diese bezieht sich auf den Magen-Darm-Trakt und das Nervensystem.

Im kompletten Verdauungstrakt hilft er vor allem den Schleimhäuten beim Aufbau und bei der Regenerierung. Er nährt die „guten" Darmbakterien und kann einer Übersäuerung entgegenwirken. Bei Gastritis, Reflux oder entzündlichen

Darmerkrankungen ist man mit dem Hericium gut beraten. Therapeuten integrieren ihn gerne bei Tumorerkrankungen der Verdauungswege in das Behandlungskonzept.
Ein anderes Talent des Vitalpilzes ist seine wachstumsfördernde Wirkung auf Gehirn- und Nervenzellen. Er wird gerne bei Demenz angewendet, wo seine beruhigende Wirkung ein sinnvoller Nebeneffekt ist. Er kann aber auch bei Verletzungen der peripheren Nerven die Heilung unterstützen.
Da er die Schleimbildung anregen kann, sollte man den Igelstachelbart nicht bei Atemwegserkrankungen anwenden.

Maitake (Klapperschwamm)

Wenn man ihn schüttelt, klappern seine dünnen, aufeinandergetürmten Hüte: Das ist der Klapperschwamm, der in kühleren Regionen der Erde in feuchten Wäldern den Stammgrund von Eichen und anderen Laubbäumen besiedelt.
In der Humanmedizin schätzt man seine Wirkung auf den Fett- und Zuckerstoffwechsel und setzt ihn bei Diabetes, zur Regulierung des Blutdruckes und zur Unterstützung der Gewichtsabnahme ein. Reichlich antitumorale und immunfördernde Inhaltsstoffe machen den Klapperschwamm auch für den Einsatz bei Tieren interessant. Er hat eine direkte Wirkung auf die körpereigenen Killerzellen, die unwillkommene Eindringlinge und entartete Zellen eliminieren. Als Begleitung von Krebstherapien gehört der Maitake denn auch zu den Basispilzen. In Japan ist er als Krebsmedikament zugelassen, wird standardmäßig bei der Behandlung von Magen- und Darmtumoren eingesetzt.

Stopfend und entzündungshemmend lindert er Durchfälle und Darmleiden und schützt dabei auch die Leber.
Interessant sind neue Beobachtungen, nach denen der Klapperschwamm die Knochenstabilität verbessern kann.

Pleurotus ostreatus (Austernseitling)

Der Austernseitling ist in der Küche ein beliebter Fleischersatz, nahrhaft, aromatisch und voller gesunder Inhaltsstoffe. Als Vitalpilz findet er seinen Einsatz in verschiedenen Bereichen. Man entdeckt in ihm antivirale, antibiotische und antimykotische Inhaltsstoffe, er wirkt immunmodulierend und krebshemmend auf verschiedene Tumorarten. Nur bei Lymphomen sollte man auf Pleurotus aufgrund seines Folsäure-Gehaltes verzichten.
Bei Erkrankungen des Bewegungsapparates kann Pleurotus wertvolle Dienste leisten. Nach meiner Erfahrung entspannt er Muskeln und Sehnen, dabei tun seine schmerzhemmenden und entzündungshemmenden Wirkstoffe gut.

Polyporus umbellatus (Eichhase)

Eine jahrtausendalte Heilkarriere hat er schon hinter sich, und immer noch bringt die Forschung neue Erkenntnisse über den Eichhasen zutage. Im Zentrum seiner Wirkungen steht der Blasen-Nieren-Komplex. Der Polyporus wird gerne genutzt, um die Entwässerung zu forcieren. Er regt den Harnfluss an, ohne dass dabei zu viel Kalium ausgeschieden wird. Gleichzeitig wird die Blase durchgespült. Hier angesiedelte Entzündungen bekämpft der Pilz mit seinen antibiotischen wie antientzündlichen Wirkungen. Und genau hier kann er seine krebshemmende Kraft am besten ausleben.
Da Polyporus auch den Lymphfluss anregt, ist er ein wichtiger Assistent für die Entgiftung. Das kommt natürlich auch dem Immunsystem zugute, das dadurch für den Kampf gegen Krebszellen wie gegen Krankheitserreger vielerlei Art gestärkt wird.

Reishi (Ganoderma lucidum, Glänzender Lackporling)

In einer 2000 Jahre alten Schrift wird der Reishi-Pilz aufgrund seiner sagenhaften Wirkungen als einer der „Kräuter Gottes" bezeichnet, woanders als „König der Heilpflanzen". Bis heute trägt er in Asien den Namen „Pilz des ewigen Lebens". Auch in Europa kennt und schätzt man ihn heute als Multi-Talent. Mit seinen vielseitigen Heilkräften ist er in vielen, wenn nicht den meisten Vitalpilz-Therapieplänen als Basispilz enthalten, und das bei Mensch und Tier.
Wegen seiner glänzenden Oberfläche trägt er den Namen Glänzender Lackporling. Den Schmarotzer findet man fast auf der ganzen Welt am Boden an feuchten Standorten nahe Laubbäumen. Für seinen Einsatz als Lebensmittel und Vitalpilz wird er gezielt gezüchtet.

Seine Wirkungen sind extrem vielseitig:

- Ausgleichend und beruhigend, unterstützt Entspannung und Stressadaption
- Immunstärkend
- Hemmung von Bakterien und Viren
- Herz-Kreislaufunterstützung, Regulierung des Fettstoffwechsels
- Antientzündlich, antioxidativ
- Begleitende Krebsbehandlung, Krebsprävention - sinnvoll ist die Er-

ergänzung mit Vitamin C
- Leber: Unterstützt die Entgiftung, schützt die Bauchspeicheldrüse
- Günstig bei Diabetes Typ I
- Nierenschutz
- Atemwege: Entzündungshemmend, steigert die Sauerstoffsättigung des Blutes
- Schützt die Magenschleimhaut
- Darm: Pflegt die Darmflora, gut bei Reizdarm und bei Analdrüsenerkrankungen
- Bewegungsapparat: schmerzlindernd, da entzündungshemmend
- Verbessert das Hautbild
- Kortisonähnliche Wirkung, reguliert die Histaminausschüttung, günstig bei Allergien

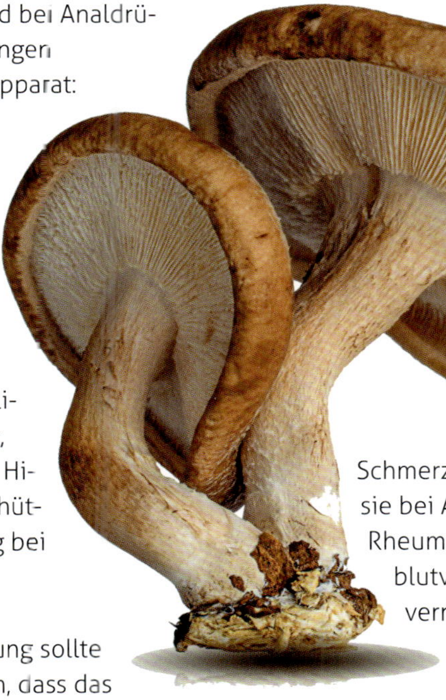

Bei der Beschaffung sollte man darauf achten, dass das Pulver aus dem kompletten Pilz gewonnen wurde. Nebenwirkungen sind nicht bekannt. Einzig ein anfängliches Entgiftungsanzeichen könnte leichter Durchfall sein. In diesem Fall die Dosierung vorsichtig zurücknehmen.

Shiitake

Nach dem Champignon ist der Shiitake weltweit der am häufigsten kultivierte Pilz. Er ist international beliebt als Nahrungsmittel, aber auch seine gesundheitsfördernden Wirkungen sind gut erforscht. Vor allem in der Krebstherapie gehört er zu den wichtigsten Heilpilzen. Der „König der Vitalpilze", wie man ihn vor allem in Asien nennt, ist reich an Lentinan. Dieses Polysaccharid hat sich in vielen Studien erfolgreich gegen verschiedene Tumorarten an Magen, Darm, Leber und Blase, aber auch bei Brustkrebs, Leukämie und bei Sarkomen gezeigt. In Japan, China und den USA ist Lentinan als begleitendes Krebsmedikament zugelassen.

Nicht nur beim Einsatz gegen Tumoren kommt seine immunstärkende Wirkung zum Tragen. Dabei ist er wirksam gegen Viren, Bakterien und Pilze.

Schmerzen im Bewegungsapparat, wie sie bei Arthrosen, Spondylosen oder Rheuma vorkommen, können durch den blutverdünnenden Effekt des Shiitake verringert werden. Vor Operationen sollte man den Pilz aus dem gleichen Grund absetzen.

Aufgrund seines Gehalts an Oxalsäure ist er bei Nieren- und Steinleiden eher nicht zu empfehlen. Auch bei Herz- und Niereninsuffizienz wird von seinem Einsatz abgeraten.

Heilkraft aus der Natur

KAPITEL 20

Wir wissen jetzt, mit welchen Pflanzen wir unserem Vierbeiner bei den unterschiedlichsten Erkrankungen helfen können. Jetzt fehlt noch das Detailwissen darüber, was die einzelnen Drogen wirklich können, welche Teile wir einsetzen und wie wir sie zubereiten. Damit wird Phytotherapie zum Kinderspiel.

Hinweise zur Anwendung

Dosierung allgemein

Bei den meisten Pflanzen kann man die Dosierung recht flexibel handhaben. Wo es zu Überdosierungen kommen kann, gebe ich bei den Pflanzenbeschreibungen Warnhinweise.
Wichtig: Bei offenen Verletzungen immer mit Handschuhen arbeiten, um keine Keime von unseren Händen in die Wunde zu tragen.

Zubereitungsmöglichkeiten

Frischfütterung

So geht´s: Frische Blätter und Blüten werden klein gehackt ins Futter gemischt.
Besonderheiten: Gröbere Pflanzenteile wie Wurzeln brühen wir nach dem Schneiden kurz mit heißem Wasser über, dann sind die Wirkstoffe besser aufnehmbar.

Dosierung: Wenn bei der Pflanzenbeschreibung nichts anderes vermerkt ist, bekommt ein Hund je nach Größe ½ bis 1 Handvoll des frischen Grüns über den Tag verteilt. Kleingeschnitten schrumpft die Handvoll auf ca. 2 Teelöffel (½ Handvoll) bis 2 Esslöffel (1 Handvoll).

Sonderfall Katze: Katzen sind häufig mäkelig und verweigern ihr Futter, sobald es anders riecht. Deswegen tricksen wir etwas und mischen einen nicht zu konzentrierten Tee unter ihr Nassfutter. Um den Geschmack zu verbessern, eignen sich ein Klecks Sahne (laktosefrei), Malzpaste oder Leberwurstcreme.

Smoothie

So geht´s: Wir pürieren die ausgesuchten, frischen Heilkräuter mit der täglichen Gemüseration für unseren Vierbeiner.
Besonderheiten: Für misstrauische Tiere lässt sich der Geschmack mit Fleischbrühe oder etwas laktosefreiem Joghurt optimieren. Diesen Smoothie mischen wir in die Fleischration oder unter das Dosenfutter. Das Futter sollte immer zimmer- bis lauwarm sein.
Dosierung: Wenn bei der Pflanzenbeschreibung nichts anderes vermerkt ist, bekommt ein Hund je nach Größe ½ bis 1 Handvoll des frischen Grüns über den Tag verteilt. Kleingeschnitten schrumpft die Handvoll auf ca. 2 Teelöffel (½ Handvoll) bis 2 Esslöffel (1 Handvoll).

Tee, Aufguss, Sud

So geht´s: Für einen Tee verwenden wir pro Droge 1 Teelöffel des Krauts (frisch geschnitten oder getrocknet) oder ½ Teelöffel Pulver und übergießen die Mischung mit 250ml kochendem Wasser. Diesen Sud lassen wir abgedeckt stehen, bis er nur noch lauwarm ist. Das Kondenswasser, das sich am Deckel sammelt, enthält wirksame ätherische Öle, weswegen wir es in den Tee zurückführen.
Besonderheiten: Hunde bekommen den Tee inklusive der Pflanzenteile ins Futter. Katzen akzeptieren meist nur die abgeseihte Flüssigkeit. Tee kann für zwei Tage vorproduziert und solange im Kühlschrank gelagert werden. Zur Fütterung sollte er aber lauwarm sein.
Dosierung: Wir geben Katzen und kleinen Hunden 1 bis 3 Teelöffel Tee über jede Mahlzeit. Bei großen Hunden erhöhen wir diese Menge auf bis zu ½ Tasse. Eine Überdosierung ist kaum möglich – so viel würden unsere Vierbeiner nicht aufnehmen.
Achtung: Lebt nur ein Tier im Haushalt, kann man im Krankheitsfall etwas Tee in sein Trinkwasser mischen. Die Konzentration darf aber nicht so hoch sein, dass unser Patient das Trinken verweigert.

Kaltauszug (Mazerat)

So geht´s: Schleimstoffe aus den Drogen würden durch Hitze zerstört werden. Deswegen lösen wir sie in kaltem Wasser. Wir nehmen zwei Teelöffel des geschnittenen Pflanzenteils auf ¼ Liter Wasser und lassen die Mischung bis zu 12 Stunden entwickeln. Beim gelegentlichen Umrühren sehen wir, ob sich die Schleimstoffe schon gelöst haben. Das Mazerat ist nicht lange haltbar, muss also täg-

lich frisch angesetzt werden.
Dosierung: 1 bis 2 Teelöffel über jede Mahlzeit der Katze oder des kleinen Hundes, bei großen Hunden die Menge entsprechend steigern.
Besonderheiten: Bei Magen-Darm-Beschwerden verabreichen wir die Schleimstoffe 30 bis 60 Minuten vor dem Fressen. Für den guten Geschmack mischen wir sie bei Bedarf mit etwas laktosefreiem Quark oder Joghurt.

Umschlag und Wickel

So geht´s: Für einen kühlenden Umschlag tränkt man ein Leinen- oder Baumwolltuch mit dem Heilpflanzenauszug, dem erkalteten Tee oder der verdünnten Tinktur und legt es an die verletzte Körperstelle. Der Umschlag bleibt liegen, solange er kühlt und solange das Tier ihn toleriert. Das kann man mehrmals täglich wiederholen.
Quarkwickel: Der gekühlte Quark sollte etwa einen Zentimeter dick möglichst direkt auf die Haut aufgetragen werden, eignet sich also nur für wenig behaarte Körperteile. Dann wird er mit einem Geschirrtuch abgedeckt, darüber kommt ein dickes Handtuch. Das bleibt so liegen, bis der Quark Körpertemperatur erreicht hat. Wir waschen ihn mit klarem Wasser ab.

Tinktur

Eine Tinktur herzustellen benötigt Zeit. Der Vorteil ist aber, dass die fertige Lösung lange haltbar und somit schnell anzuwenden ist.
So geht´s: Eine Handvoll der Kräuterteile mit ¼ Liter Alkohol (mind. 40 %) übergießen und sechs Wochen an einen dunklen, warmen Ort stellen. Dabei

täglich schwenken. Anschließend sorgfältig filtern.
Besonderheiten: Die abgeseihte Tinktur bewahren wir in einer braunen Flasche auf, um sie vor Licht zu schützen. Sehr praktisch sind Fläschchen mit integrierter Pipette. Die fertige Tinktur hält sich bei Zimmertemperatur bis zu 1 Jahr.
Dosierung: Die fertige Tinktur ist hochkonzentriert. Für die Reinigung von Wunden dosieren wir daher nur 5 bis 10 Tropfen auf ein Glas lauwarmes Wasser.

Ölauszug

Kalter Ölauszug: Die wirksamen Pflanzenteile in ein Glas geben und gut mit einem kaltgepressten Öl bedecken. Ideal ist ein natives Olivenöl, das der Haut schon pur guttut. Das Glas wird vier bis sechs Wochen an einen dunklen Ort gestellt und täglich mit einem sauberen Löffel umgerührt. Danach durch ein grobes Tuch oder ein feines Sieb abseihen, den wässrigen Bodensatz wegschütten.
Besonderheiten: Lichtgeschützt und kühl aufbewahren. Das Öl kann verwendet werden, solange es nicht ranzig riecht.
Warmer Ölauszug: 10 Gramm frische oder 5 Gramm getrocknete Pflanzenteile (z.B. Ringelblumenblüten) mit 50ml Öl im Wasserbad für 40 bis 50 Minuten erwärmen, dabei vorsichtig rühren. Es reicht eine Temperatur von 30 bis 40 Grad. Danach durch ein grobes Tuch oder ein feines Sieb filtern.
Besonderheiten: Lichtgeschützt und kühl aufbewahren. Das Öl kann verwendet werden, solange es nicht ranzig riecht.

Salbe

Die Verwendung von Salben ist bei Tieren unpraktisch, sie verkleben das Fell und verleiten zum Abschlecken. Deswegen arbeite ich lokal lieber mit verdünnten Tinkturen oder mit einem schon vorbereiteten Ölauszug. Letzterer lässt sich aber schnell zur Salbe weiterverarbeiten.

So geht´s: 100ml des Ölauszugs langsam im Wasserbad erwärmen und darin 10g Bienenwachs schmelzen lassen. Bienenwachs wird bei ca. 38 Grad flüssig. Beim Abkühlen umrühren, damit die Salbe geschmeidig bleibt. In kleinen Tiegeln am besten im Kühlschrank lagern. Die Salbe kann in der Regel gut sechs Monate verwendet werden.

Besonderheiten: Eine tiefere Heilwirkung erreichen wir, wenn wir statt Bienenwachs tierische Fette verwenden, etwa Schweineschmalz oder Rindertalg. Diese Salben sind aber weniger lange haltbar.

Heilpflanzen von A bis Z

Ackerschachtelhalm (Equisetum Arvense)

Als „Unkraut" ist er verhasst, weil er extrem zählebig ist. Doch als Heilkraut bietet uns der Ackerschachtelhalm verschiedene Vorteile. Er ist reich an Kieselsäure, die das Bindegewebe festigt, und an Flavonoiden, wertvoll bei Harnwegsinfekten und zur Stoffwechsel-Entgiftung.

Innerliche Anwendung:
Die Flavonoide (Antioxidantien) für Harnwege lösen sich bei der normalen Teezubereitung. Damit gewinnen wir eine harntreibende, durchspülende Wirkung.
Besonderheit: Um die Kieselsäure zu lösen, muss die Pflanze mindestens 30 Minuten ausgekocht werden.
Äußerliche Anwendung: Ackerschachtelhalmpulver wirkt blutstillend und entzündung lindernd. Das Pulver aus der getrockneten Pflanze wird mit Wasser zu einer Paste angerührt und als Brei-Umschlag bei schlecht heilenden Verletzungen, Ekzemen und an wunden Stellen angelegt.
Bezug: Wächst beinahe überall. Verwendet werden die Halme der Sommertriebe.

Aloe vera

Der Aloe vera-Saft hat eine positive Wirkung aufs Immunsystem und kann bei Verstopfung helfen. Die Pflanze mit den dicken fleischigen Blättern lässt sich leicht auf der Fensterbank kultivieren und über Ableger vermehren. Die volle Kraft hat die Pflanze erst im Alter von mindestens drei Jahren erreicht. Für die Anwendung schneidet man eines der untersten dickfleischigen Blätter von der Pflanze ab und stellt es aufrecht für mindestens 90 Minuten in ein Glas. In dieser Zeit tritt ein unbekömmlicher gelber Saft aus. Danach entsorgt man die untersten 2cm des Blattes. Vom Rest kann man jetzt 1 bis 2 Zentimeter dicke Stücke abschneiden und schälen. Das klare Gel

kann innerlich wie äußerlich angewendet werden.

Innerliche Anwendung: Aloe vera-Gel oder -Saft aktiviert das Immunsystem, regt die Verdauung an und kann Verstopfungen auflösen. Um aus dem Gel haltbaren Saft herzustellen, püriert man 100g Gel mit einem Gramm Vitamin C-Pulver oder 15 Tropfen Vitamin E-Öl (Tocopherol). Die Vitamine sind natürliche Konservierungsstoffe.

Äußerliche Anwendung: Das Gel ist ein wunderbares Haut- und Wundpflegemittel, lokal pur aufzulegen. Es lindert Juckreiz und Brennen und unterstützt die Heilung.

Bezug: Die Pflanze ist in vielen Baumärkten und Gärtnereien erhältlich.

Wichtig: Es gibt viele Aloe-Arten. Wir verwenden ausschließlich die echte Aloe Barbadensis Miller.

Anis (Pimpinella anisum)

Die leicht wie Lakritz riechenden Früchte haben ganz ähnliche Heilwirkungen wie der Fenchel. Wir verwenden ihn als Tee.

Innerliche Anwendung: Anis ist wohltuend für Magen und Darm, besonders bei Blähungen, und hilft auch bei Katarrhen der oberen Atemwege. Zudem fördert er den Milchfluss von säugenden Hündinnen.

Bezug: Es werden die getrockneten Früchte verwendet, die man für die Teezubereitung in Apotheken und Drogerien bekommt oder zum Backen verwendet.

Wichtig: Für Katzen ist Anis wegen der ätherischen Öle nicht geeignet.

Arnika (Arnica montana)

Diese Heilpflanze ist fast jedem aus der Homöopathie bekannt, wo sie innerlich als Globuli oder in Tropfenform angewendet wird. Bei stumpfen Traumata wie Prellungen, Zerrungen und Stauchungen kommt sie zum Einsatz. Auch homöopathische Arnika-Salben sind zur Lokalbehandlung erhältlich.

Äußerliche Anwendung: Umschläge mit stark verdünnter Arnikatinktur haben eine lindernde und heilende Wirkung bei eben diesen stumpfen Verletzungen. Man nimmt 1 Esslöffel auf 1 Liter Wasser.

Bezug: Arnikatinktur in der Apotheke kaufen oder mit Arnikablüten aus dem Fachhandel selbst als Tinktur ansetzen.

Warnung: Wegen der starken Herzwirkung darf Arnika nicht innerlich angewendet werden.

Artischocke (Cynara cardunculus)

Artischockenblätter enthalten wertvolle Vitamine und Mineralien und sind auch für Seniorhunde und -katzen gesund. Sie haben heilende Effekte für die Leber und Galle und regulieren den Fettstoffwechsel. Bei Darmproblemen ist die Artischocke vorsichtig zu verfüttern.

Innerliche Anwendung: Das Gemüse oder das Pulver ins Futter geben.

Bezug: Um eine kontrollierte Dosierung zu erreichen, sind standardisierte Produkte aus Apotheke und Fachhandel zu bevorzugen.

Warnung: Nicht an säugende Hündinnen füttern, da die Milchbildung gehemmt wird. Bei einer

Überempfindlichkeit gegen Korbblütler können allergische Reaktionen auftreten.

Ashwagandha (Winterkirsche, Schlafbeere / Withania somnifera)

Die ayurvedische Heillehre liefert jahrhundertelange Erfahrungen mit der Winterkirsche. Der Zweitname Schlafbeere ist Programm – die beruhigende Wirkung ist intensiv erforscht. Vor allem hilft das indische Kraut bei der Anpassung an Stresssituationen, es gilt als potentes pflanzliches Adaptogen. Damit ist es für Hund und Katze hilfreich, wenn sie unter Aufregung und Angst leiden.

Ashwagandha ist nicht nur Beruhigungsmittel und Stresskiller: Es unterstützt das Immunsystem und ist hilfreich bei der Regeneration nach Erkrankungen und Überanstrengung. Da die Winterkirsche zudem Kraft und Ausdauer stärken und sogar den Muskelaufbau verbessern soll, findet Ashwagandha immer häufiger den Einsatz im Sport und beim Seniortier.

Bezug: Fertigpräparate aus dem Fachhandel. Dosierung nach Anweisung.

Augentrost (Euphrasia)

Der Name verrät schon viel über seine Wirkung. Die Anwendung von Euphrasia am Auge hat eine lange Tradition. Früher nutzte man Augentrost aber auch als Hausmittel bei Husten und Heiserkeit.

Äußerliche Anwendung: Eine Kompresse mit dem lauwarmen Tee aus den Blättern und Blüten auf die Augen legen. Damit lindert man Bindehaut- und Lidrandentzündungen. Der Tee muss vor der lokalen Anwendung sorgfältig gefiltert werden, damit keine Schwebstoffe die Bindehäute reizen.

Innerliche Anwendung: Der Tee soll die Heilwirkung auf die Augen auch von innen unterstützen und gleichzeitig das Immunsystem mobilisieren.

Bezug: Fachhandel und Apotheken. Hier gibt es auch gut wirksame Euphrasia-Augentropfen als Fertigprodukt.

Bärlauch (Allium ursinum)

In der modernen Küche ist das aromatische Kraut beliebt. Nur wenigen ist bewusst, dass das Frühlingskraut eine stark entgiftende Wirkung hat. Vielen

Hundehaltern ist die wurmwidrige Wirkung bekannt.

Innerliche Anwendung: Hunde dürfen im Frühjahr mehrmals wöchentlich 2 bis 5 frische, kleingeschnittene Blätter mit dem Futter fressen.

Wichtig: Nur das frische Grün verwenden, getrocknete Blätter verlieren ihre Wirkung. Nicht für Katzen geeignet.

Baldrian (Valeriana officinalis)

Baldrian ist eines der ältesten und be-

kanntesten pflanzlichen Beruhigungsmittel, viel gelobt bei Angst- und Erregungszuständen. Die Pflanze ist besonders geeignet, wenn seelische Störungen körperliche Symptome nach sich ziehen. Baldrian kann den nervösen Brechreiz und Durchfall stillen und Magen- und Darmkrämpfe lösen. Nebenbei hat er immunstimulierendes Potential.

Innerliche Anwendung: Verwendet wird die Wurzel entweder frisch oder getrocknet. Die klassische Anwendungsform ist der Tee, traditionell wird aber eher der Kaltaufguss empfohlen: Wir setzen morgens einen Teelöffel der feingeschnittenen Baldrianwurzel mit einer Tasse kaltem Wasser an und seihen nach acht bis zwölf Stunden ab. Diesen Kaltauszug geben wir dem Tier dann leicht erwärmt ins Futter.
Alternativ ergänzen wir das Futter täglich mit 1 bis 5 Gramm von der gemahlenen Wurzel.

Bezug: Baldrianwurzel gibt es in der Apotheke und im Fachhandel.
Wichtig: Baldrian wirkt kaum bei der ersten Einnahme - es vergehen einige

Tage, bevor ein Effekt zu beobachten ist. Man kann Baldrian als mehrwöchige Kur verabreichen.
Für Katzen ist Baldrian als Beruhigungsmittel nicht geeignet. Hier wirkt die Droge eher belebend oder gar berauschend.
Warnung: Baldrian kann eine Narkosewirkung verstärken.

Beifuß, einjähriger (Artemisia annua)

Die Wirksubstanz Artemisinin wird weltweit in der Malaria-Behandlung eingesetzt. Neue Studien zeigen vielversprechende Ergebnisse für die Krebsbehandlung. Artemisinin kann Tumorzellen in den Tod treiben und das Wachstum von Tumoren hemmen. Noch wirkungsvoller wird das Heilkraut, wenn man die Krebszellen vorher mit Eisen „anfüttert".
Bezug: In Apotheken und Fachhandel.
Wichtig: Eine Tumortherapie sollte nicht ohne therapeutische Anleitung durchgeführt werden.

Beinwell (Symphytum officinale)

Umschläge mit Beinwellwurzel sind bei frischen Verletzungen der Gelenke eine hervorragende Hilfe. Die Wirkstoffe unterstützen die Heilung, weil sie die Zellen zur Regeneration anregen. Die Umschläge werden vor allem für die Knochenheilung empfohlen.
Äußerliche Anwendung: Als Umschlag: Die frische Wurzel wird zermörsert und als Brei verwendet. Alternativ rührt man aus Wurzelpulver eine Paste oder tränkt den Stoff mit Beinwelltee. Dazu gießt man die zerkleinerten Blätter mit warmem Wasser auf und lässt den Tee gut 30 Minuten ziehen. Als Salbe: Eine selbst hergestellte Salbe mit Beinwellauszug zeigt die tiefste Wirkung, wenn als Basis tierische Fette verwendet werden.
Bezug: Wurzelpulver und getrocknete Blätter aus dem Fachhandel. Fertige Salben aus der Apotheke, diese aber nicht abschlecken lassen.
Wichtig: Nicht für innerliche Anwendung geeignet. Äußerliche Anwendung nur auf intakter Haut. Nicht an Katzen anwenden.

Birke (Betula pendula)

Harntreibend, entwässernd, entzündungshemmend und stoffwechselanregend – diese Wirkungen der Birke werden in der Naturheilkunde bei Tieren gerne genutzt. Birkenblätter gehören in jeden Blasentee.
Innerliche Anwendung: Getrocknet fin-

den die Birkenblätter als Tee Verwendung. Frisch können sie auch direkt verfüttert werden.
Bezug: Im Frühjahr die jungen, noch klebrigen Blattknospen entweder klein geschnitten verfüttern oder trocknen und bevorraten. Ab Mai bis Mitte Juli erntet und trocknet man die fertigen Blätter.

Bockshornklee (Trigonella foenum graecum)

Seit vielen Jahrhunderten kennt man die Pflanze in der Phytotherapie für Menschen und Tiere. Verwendet werden die Samen. Für das Immunsystem und gegen Tumorerkrankungen macht man sich ihren hohen Anteil an Antioxidantien zunutze, die auch die Leber schützen. Bockshornkleesamen wirken im Verdauungstrakt entzündungshemmend und appetitanregend. Sie sind sehr gut für den Einsatz bei älteren Tieren geeignet, da sie eine anregende, heilende Wirkung haben.
Innerliche Anwendung: Man mischt Hunden täglich 2 bis 5 Gramm der gemahlenen Samen ins Futter.
Bezug: Im Fachhandel.
Wichtig: Für Katzen unverträglich.

Brennnessel (Urtica urens)

Ich gebe zu, es gibt beliebtere Pflanzen als die Brennnessel mit ihren hinterlistigen Nesseln. Wer sich aber mit den

inneren Werten beschäftigt, muss einfach ein Fan von ihr werden. Denn die Brennnessel ist ein vielseitiges Heilkraut. Dabei hat jeder Pflanzenteil eigene Talente.

Innerliche Anwendung: Brennnesselblätter sind wegen ihres hohen Gehalts an Mineralien im Frühjahr ein hervorragender Futterzusatz für eine drei- bis vierwöchige Entgiftungs- und Entschlackungskur. Im Stoffwechsel ist die Brennnessel fleißig, sie putzt ganz tief durch bis in den Zwischenzellraum. Die harntreibende Wirkung der Blätter machen wir uns bei Blasen- und Nierenbeschwerden zunutze. Dabei hilft ihre entzündungshemmende Wirkung, die auch bei Arthrosen und chronischen Hauterkrankungen hilfreich ist.

Wegen der vielseitigen, so sanften wie wirkungsvollen Wirkung gehören Brennnesselblätter zu den wichtigsten Geriatrika, das sind Medikamente für ältere Tiere. Hier findet auch die Brennnesselwurzel ihren Einsatz: Sie hilft bei Prostatabeschwerden von alten Rüden. Wir verwenden das Wurzelpulver oder eine Brennnesselwurzeltinktur.

Dosierung: 3 mal täglich 2 bis 6 Gramm bzw. Tropfen. Die Tinktur mit ein wenig warmem Wasser mischen und kurz stehen lassen, damit der Alkohol verfliegt. Brennnesselsamen werden dem Futter zugegeben, wenn aufgrund einer Nierenschwäche der Kreatinin-Wert im Blut erhöht ist. Dosierung: 2 x tägl. ¼ bis 1 TL ins Futter.

Bezug: Brennnesseln wachsen eigentlich überall. Am besten wirken die noch jungen Blätter. Diese lassen sich frisch verwenden, indem wir sie klein geschnitten ins Futter geben. Bei mangelnder Akzeptanz kann man sie vorher kurz mit heißem Wasser überbrühen.

Dosierung: Eine kleine Handvoll für einen mittelgroßen Hund, entspricht 1 – 2 TL vom klein geschnittenen Kraut. Um die brennenden Nesseln zu entschärfen, reiben wir die Triebe vorher zwischen den (behandschuhten) Händen oder unter einem Nudelholz.

Die getrocknete Droge (selbst trocknen oder im Fachhandel kaufen) ist Basis für einen effektiven Tee, der auch unseren Katzen gut tut. Brennnesselsamen und das Wurzelpulver gibt es im Fachhandel.

Warnung: Brennnesseln können Gebärmutterkontraktionen auslösen, daher nicht an trächtige Tiere verabreichen.

Brombeere (Rubus fruticosus)

Brombeeren wirken entzündungshemmend und antioxidativ und zählen defi-

nitiv zu den einheimischen Superfoods. Ihr Farbstoff wirkt antibiotisch und schützt Körperzellen vor bösartiger Ent- tung. Die Blätter haben ganz andere Ta- lente.

Innerliche Anwendung: Die reifen Beer dürfen unsere Hunde frisch vom Busch naschen und damit aktive Gesundheits- vorsorge leisten.

Die Blätter des Brombeerstrauchs entha ten wertvolle Gerbstoffe. Wir nutzen di zusammenziehende Wirkung bei Durch- fall, indem wir die getrockneten Blätter als Pulver oder Aufguss ins Futter gebe

Bezug: An vielen Standorten wachsen w de Brombeerbüsche. Vorsicht beim Pflü cken – sie haben fiese Dornen. Brombeerblättertee gibt es auch im Fac handel und in der Apotheke.

Wichtig: Gerbstoffdrogen wie die Brom- beerblätter sind für Katzen nicht geeign

Cissus quadrangularis

In der ayurvedischen Medizin und in an- deren Teilen der Welt nutzt man die Kle terpflanze traditionell zur Heilung von Knochenbrüchen, Bänderverletzungen und Sehnen. Im Westen konnte man die Wirkungen in Studien belegen, bei Kno- chenfrakturen wurde der Effekt als sign kant eingeordnet. Gleichzeitig wirkt das

Pulver aus den oberirdischen Pflanzenteilen schmerzlindernd.
Zudem hat Cissus verschiedene erwünschte Nebenwirkungen. Er kann die Magenschleimhaut schützen und heilen, etwa nach reizender Schmerzmitteleinnahme. Er ist antibakteriell. Er kann zur Normalisierung des Zuckerstoffwechsels beitragen und er wirkt angstlösend.
Innerliche Anwendung: Man verwendet das Pulver pur oder in Kapseln. Dosierung laut Herstellerangabe.
Bezug: Fertigpräparate aus dem Fachhandel. Beim Kauf sollte auf Reinheit und einen seriösen Anbieter geachtet werden.
Wichtig: Für Katzen nicht geeignet.

CBD-Öl / Cannabidiol

Siehe Hanf.

Eibisch (Althaea officinalis)

Pfarrer Kneipp, der neben seinen Wasseranwendungen auch mit Heilkräutern arbeitete, war kein Freund von Eibisch – die Zubereitungen waren ihm zu zähflüssig. Sein Fehler war jedoch, dass er die Pflanzenteile heiß verarbeitete. Ob Wurzeln, Blätter oder Blüten - Eibisch darf immer nur als Kaltansatz verwendet werden.
Innerliche Anwendung: Wie die Malve bildet auch die Eibischwurzel schützende und heilende Schleimstoffe, wenn man sie als Kaltauszug ansetzt. Sie entfaltet ihre Wirkung bei Magen- und Darmreizungen ebenso wie in den oberen Atemwegen, wo sie gleichzeitig reizlindernd und schleimlösend arbeiten.
Bei Atemwegserkrankungen ergänzt man die therapeutische Anwendung mit dem Mazerat aus Eibischblättern und -blüten, das auch asthmatische Beschwerden lindern kann.
Bezug: Wer Eibisch im Garten hat, kann die Blätter und Blüten verwenden. Besonders reich an wirksamen Schleimstoffen ist die Wurzel, die man pulverisiert in der Apotheke bekommt.

Eiche (Quercus)

Über 1000 Jahre alt können die mächtigen Bäume werden. Wir ernten im Mai und Juni die Rinde von dünnen Ästen und jungen Zweigen.
Äußerliche Anwendung: In der Wundbehandlung sind die Gerbstoffe der Eichenrinde (Quercus cortex) sehr wirkungsvoll.

Der Tee aus der Eichenrinde muss 15 Minuten kochen, dann wird er lauwarm als Waschung oder Kompresse bei feuchten und eitrigen Ekzemen genutzt.

Innerliche Anwendung: Seine zusammenziehende Wirkung durch den Gerbstoffgehalt lässt Durchfall stoppen. Der Tee wirkt entzündungshemmend, stopfend und antimikrobiell. Innerlich sollte die Eichenrinde aber nur sparsam und nur gelegentlich eingesetzt werden.

Bezug: Eichenrinden gibt es im Fachhandel und in Apotheken.

Wichtig: Für Katzen ist die Eichenrinde nur äußerlich zu verwenden, dabei das Abschlecken verhindern.

Fenchel (Foeniculum vulgare)

Was Babys bei Blähungen und Bauchkrämpfen hilft, ist auch für den Hund gut. Der ganze Verdauungstrakt profitiert vom Fenchel, er beruhigt und fördert die Aktivität von Magen und Darm. Die meisten Hunde lieben den Geschmack. Fenchel ist zudem ein wertvoller Bestandteil von Hustentees, er wirkt schleimlösend und auswurffördernd. Nicht zuletzt regt er bei der säugenden Hündin den Milchfluss an. Wegen seinen vielen Talenten wurde der Fenchel zur Arzneipflanze des Jahres 2009 gekürt.

Innerliche Anwendung: Nur wenige Fenchelsamen werden ein wenig angequetscht und mit heißem Wasser übergossen. Vom Fenchel eignen sich aber auch die Blüten und Blätter, die wir roh oder gedünstet ins Hundefutter geben.

Äußerliche Anwendung: Bei entzündeten Bindehäuten legen wir lauwarme Fencheltee-Kompressen auf die Augen. Den Tee vorher gut filtern.

Bezug: Die getrockneten Samen verwenden, die man als Fencheltee in Apotheken und Drogerien bekommt. Die Grünteile findet man in der Gemüseabteilung.

Wichtig: Für Katzen ist Fenchel wegen des hohen Gehalts an ätherischen Ölen nicht bekömmlich.

Warnung: Nicht für tragende Hündinnen geeignet, da es die Gebärmutteraktivität anregt.

Flohsamen (Plantago psyllium)

Innerliche Anwendung: Gegen Darmträgheit und Verstopfung gibt man die vorgequollenen Flohsamenschalen und den durchs Einweichen produzierten Schleim ins Futter. Dazu kann man etwas Wasser geben. Im Darm saugen sich die Flohsamen noch weiter voll Flüssigkeit, erweitern ihr Volumen und regen damit die Darmfunktion an. Zusätzlich schützt der Schleim den Darm und erleichtert die Ausscheidung.

Bei Durchfall gibt man den Flohsamen trocken ins Futter. Sie können so im Darm mehr Flüssigkeit aufnehmen und dadurch den Kot verfestigen. Der Flohsamen liefert zusätzlich wertvolle Ballaststoffe, gut für die Ernährung einer gesunden Darmflora.

Dosierung: 2g pro 10 Kilo Hundegewicht. Katzen bis zu 1,5g / Tag. Immer vorsichtig andosieren und darauf achten, dass das Tier genug trinkt.

Bezug: Im Tierfachhandel, im Reformhaus.

Wichtig: Nach der Verabreichung von Medikamenten sollte man mit der Beifütterung von Flohsamenschalen mindestens 2 Stunden warten. Grund: Flohsamen könnten Wirkstoffe binden und ausführen, bevor sie verstoffwechselt werden.

Warnung: Nicht bei Verdacht auf Darmverschluss geben.

Gänseblümchen (Bellis Perennis)

Sie sind auf dem Rasen wunderschöne erste Frühlingsboten, schmecken lecker im Salat und haben heilende Talente.
Innerliche Anwendung: Zur Entgiftung geben wir die Blüten klein geschnitten ins Futter. Sie regen die Nieren- und Lebertätigkeit an.
Äußerliche Anwendung: Die leicht angequetschten Blüten produzieren einen desinfizierenden und wundheilenden Saft und können als Wiesenpflaster einfach auf frische Verletzungen gegeben werden.
Bezug: Gänseblümchen wachsen auf Rasen- und Wiesenflächen. In der Apotheke gibt es Gänseblümchen-Heilsalben.

Giersch (Aegopodium podagraria)

Giersch gehört zu den Wildkräutern, die in der Küche ein Revival erleben, nachdem sie jahrzehntelang als Unkraut verschrien waren. Er ist reich an Vitaminen, Spurenelementen und Mineralstoffen. Traditionell hat Giersch bei der Behandlung von Gicht und Rheuma eine wichtige Rolle gespielt, denn er wirkt harntreibend und entgiftend. Dabei spült er fleißig Harnsäure aus dem Körper, wichtig bei Nierenschwäche.
Innerliche Anwendung: Im Frühjahr die jungen, noch gefalteten Blätter kleingeschnitten ins Futter mischen. Aus den getrockneten Blättern lässt sich ein aromatischer Tee kochen.
Bezug: In der Natur und im Kräuterfachhandel.
Warnung: Giersch kann leicht mit giftigen Pflanzen wie Wiesen-Bärenklau oder Schierling verwechselt werden.

Ginkgo biloba (Fächerblattbaum)

Wegen der Unterstützung der zerebralen und peripheren Durchblutung (Großhirn- und Gliederdurchblutung) bei Altersbeschwerden hat sich Ginkgo auch in der Tiermedizin einen Namen gemacht. Außerdem regt er die Gehirnfunktion an. Der Extrakt aus Ginkgo-Blättern soll sogar Demenz lindern, wo-

bei die Studienlage beim Menschen sehr ambivalent ist. An Hunden konnte man die durchblutungsfördernde Wirkung im Gehirn belegen. Weitere Forschungen ergaben eine signifikante Reduktion von Alterserscheinungen und die Verbesserung von kognitiven Fähigkeiten.

Innerliche Anwendung: 40mg Ginkgo-biloba-Extrakt je 10kg Körpergewicht des Tieres pro Tag (oder nach Packungsanweisung) ins Futter geben.

Bezug: Fertigpräparate aus Fachhandel und Apotheke.

Warnung: Nicht für trächtige Tiere geeignet. Nicht bei verstärkter Blutungsneigung geben.

Goldrute (Solidago virgaurea)

Bei Blasen- und Nierenbeschwerden kommt man an diesem wunderschönen Blühstrauch kaum vorbei. Die Goldrute ist entzündungshemmend, keimhemmend und schmerzstillend und damit wertvoll bei akuten und wiederkehrenden Blasenentzündungen. Die harntreibende Wirkung der Goldrute hilft, Blase und Nieren zu durchspülen und kann aufgrund ihrer krampflösenden Wirkung sogar helfen, Harnsteine auszuscheiden.

Innerliche Anwendung: Als Tee, Tinktur oder Tabletten.

Bezug: Im Fachhandel gibt es getrocknetes Goldrutenkraut für die Teezubereitung, in der Apotheke die standardisierte Droge.

Wichtig: Für Katzen nur geeignete Fertigprodukte in der angegebenen Dosierung verwenden.

Warnung: Als Korbblütler bei Allergikern vorsichtig einsetzen.

Hagebutte / Hundsrose (Rosa canina)

Nicht nur für vierbeinige Senioren ist die Hagebutte eine tolle Frucht. Das Pulver enthält viel Vitamin C – gut für das Immunsystem und für die Heilung. Ihr hoher Anteil an Radikalfängern kann bei der Tumorbekämpfung hilfreich sein. Gleichzeitig wirkt Hagebuttenpulver harntreibend, verdauungsregulierend und stoffwechselaktivierend. Wird die ganze Frucht genutzt, ergibt sich aus den Kernen ein Wirkstoff, der Gelenkentzündungen und -schmerzen lindert.

Innerliche Anwendung: Das Hagebuttenpulver pur ins Futter geben.

Dosierung: Katzen 1 Gramm Pulver / Tag. Hunde 2 Gramm / Tag / 10 Kilo Körpergewicht.

Bezug: Die frischen Früchte ernten, zügig trocknen und mahlen. Es gibt fertiges Hagebuttenpulver im Fachhandel.

Hanf (Cannabis sativa) / CBD-Öl / Cannabidiol

Der Name Cannabis erinnert Sie irgendwie an Drogen? Richtig – man kann das Kraut rauchen. Der berauschende Inhaltsstoff, das THC, ist aber in den für medizinische Zwecke angebotenen CBD-Ölen nur noch in winzigen Spuren vorhanden.
Unter der Bezeichnung CBD-Öl hat Cannabis in den letzten Jahren einen ziemlichen Hype entfacht. Motto: Ist gut für alles, heilt jede Krankheit, inklusive Krebs. Bleiben wir auf dem Boden der Tatsachen, die erfreulich genug sind.
Der Wirkstoff Cannabidiol hat vielfältige Talente, die wir für das Wohlergehen unserer Tiere nutzen können.
Die entzündungshemmende und schmerzstillende Wirkung hilft vielen Tieren mit schmerzhaften Erkrankungen des Bewegungsapparates. Zusätzlich unterstützt Hanf die Zellerneuerung, kann also Heilmechanismen verstärken. Daneben stützt und reguliert Cannabidiol das Immunsystem, was einen Versuch bei Autoimmunkrankheiten oder chronischen Darmentzündungen lohnend machen kann. Neueste Untersuchungen belegen einen Einfluss auf Immunzellen, die auf das Detektieren und Eliminieren von Krebszellen spezialisiert sind: Cannabidiol kann vermutlich Tumorwachstum verlangsamen.
Nicht zuletzt wirkt Hanf auf viele Tiere beruhigend.
Weil der Hanfanbau sehr energieaufwendig ist, sollte man CBD-Produkte nur gezielt einsetzen.
Innerliche Anwendung: Es gibt CBD-Öl in verschiedenen Konzentrationen. Man beginnt mit einem Tropfen in einer Konzentration von 2 bis 5 Prozent und kann vorsichtig hochdosieren. Bei großen Hunden kann man ein 10-prozentiges Öl einsetzen.
Äußerliche Anwendung: Hanfsamenöl ist gut für die Hautpflege.
Bezug: Fertigprodukte. Es sollte sich um ein Vollspektrumöl handeln.

Himbeere (Rubus idaeus)

Bei vielen Pflanzen nutzen wir verschiedene Teile für unterschiedliche Zwecke. So auch beim Himbeerstrauch. Selbst die Früchte sind nicht einfach nur lecker, sondern auch sehr gesund.
Innerliche Anwendung: Himbeerblätter können sich günstig auf den weiblichen Hormonhaushalt auswirken. Der Tee oder das frische Kraut muss über längere Zeit dem Futter zugegeben werden, um Scheinträchtigkeiten zu lindern und Gebärmutterentzündungen zu verhindern. Dosierung der gehackten Frischblätter: 1 gestr. Teelöffel auf 10kg Hundegewicht.
Die reifen Beeren dürfen unsere Hunde

frisch vom Busch naschen und damit aktive Gesundheitsvorsorge leisten. Der Farbstoff der Himbeeren (wie der der Brombeeren) schützt Körperzellen vor bösartiger Entartung.

Äußerliche Anwendung: Bei Bindehautentzündungen legen wir mit Himbeertee getränkte Umschläge auf die Augen. Der Tee muss gut gefiltert sein, am besten durch einen doppelten Kaffeefilter laufen lassen.

Bezug: In der Natur oder im Obst- bzw. Kräuterfachhandel. Wer selbst ernten will, sollte zur Blütezeit zu den jungen Blättern greifen.

Wichtig: Himbeerblätter enthalten viele Gerbstoffe, weswegen Katzen darauf verzichten müssen.

Warnung: Bei trächtigen Hündinnen kann ein Himbeerblättertee Gebärmutterkontraktionen auslösen. Manche Züchter füttern gezielt Himbeerblätter, um die Geburt zu erleichtern.

Holunder (Sambucus)

Für uns Menschen ist der Holunder eine Volksheilpflanze. Bei Tieren wird er nicht ganz so vielseitig eingesetzt, hat aber durchaus Vorteile.

Innerliche Anwendung: Der Tee aus den Holunderblüten wirkt immunstimulierend, was ihn zu einem wohlschmeckenden Geriatrikum macht. Bei Atemwegserkrankungen nutzen wir seine fiebersenkende und hustenlindernde Kraft.

Bezug: Im Frühjahr die Blüten sammeln, sonst aus dem Fachhandel.

Wichtig: Rohe Holunderbeeren sind für Mensch wie Tier unbekömmlich. Der Holunderblütentee ist für Katzen wegen der ätherischen Öle nicht geeignet.

Extra: Honig

Für die Behandlung von kleinen Verletzungen sind Honigsalben sehr beliebt. Denn Honig ist nicht nur süß, er hat auch wundervolle Heilwirkungen, und das sowohl innerlich als auch äußerlich. Am bekanntesten ist der Manuka-Honig aus den Blüten der neuseeländischen Südseemyrte. Sein Inhaltsstoff Methylglyoxal (MGO) hat eine besonders starke antibakterielle Wirkung. Er sorgt für ein feuchtes Wundmilieu, das sich selbst desinfiziert. So heilen Wunden schneller unter geringerer Narbenbildung. Weltweit hat die Nachfrage nach dem Manuka-Honig so zugenommen, dass sich der Preis für das Rohprodukt innerhalb von fünf Jahren fast verdreifacht hat. Das führte leider auch zu einem breiten Angebot an Produktfälschungen. Man sollte daher nur Präparate aus der Apotheke mit einem geprüften MGO-Gehalt verwenden.
Auch innerlich hat Honig viele positive Effekte. Die „Speise der Götter", wie man ihn im alten Ägypten bezeichnete, enthält entzündungshemmende Enzyme und Antioxidantien, was sich günstig auf das Immunsystem auswirkt. Auf den Schleimhäuten von Maul, Rachen und Speiseröhre wirkt Honig lindernd. Aus diesen Gründen darf er gerne als Lockmittel verwendet werden, wenn eine Heilpflanze nicht schmeckt. Zu große Dosierungen sind aufgrund des hohen Zuckergehalts zu vermeiden. Beim Hund sollte ½ bis 1 Teelöffel pro Tag nicht überschritten werden. Katzen bekommen maximal 1/3 Teelöffel, und das nicht zu häufig.
Bezug: Beim Imker, im Supermarkt oder Reformhaus, besser noch im Bioladen.

Hopfen (Humulus lupulus)

Wir kennen ihn als wichtige Zutat in der Bierbrauerei. Um seine Heilwirkungen zu nutzen, muss man aber nicht tief ins Glas schauen.
Innerliche Anwendung: Beruhigend für die Nerven und für einen nervösen Magen wirken die Hopfenzapfen, wie die fast reifen Blüten genannt werden, aus denen man den Heiltee zubereitet. Die ätherischen Öle, Gerb- und Bitterstoffe regen den Appetit und die Verdauung wie auch die Stoffwechselorgane Leber und Niere an. In der Geriatrie nutzt man die herzstärkende Wirkung. Bei dementen Hunden können Angst- und Erregungszustände gelindert werden. Beruhigend zeigt sich der Hopfen auch auf hypersexuelle Tiere.
Bezug: Wer im Anbaugebiet wohnt,

kann vielleicht Hopfenzapfen zur Erntezeit im September pflücken und selbst trocknen. Ansonsten gibt es Hopfenblütentee in der Apotheke.
Wichtig: Der bitter schmeckende Heiltee ist nur kurweise anzuwenden. Für Katzen ist er nicht geeignet.

Extra: Huminsäuren

Huminsäuren sind organische Bestandteile von Moor, Torf oder Braunkohle, also eine Art Heilerde. Durch ihre spezielle Oberfläche binden sie im Darm Schadstoffe wie Schwermetalle, Pestizide, Herbizide, Medikamentenrückstände und sogar Bakterientoxine an sich und sorgen für ihre Ausscheidung. Gleichzeitig wirken sie immunfördernd und antientzündlich. Und sie beruhigen die Schleimhäute und verringern deren Durchlässigkeit. Für eine Entgiftungskur oder für die Linderung von Magen-Darm-Problemen sind standardisierte Produkte aus der Apotheke oder dem Fachhandel empfehlenswert. Huminsäuren sollten immer nur kurweise verwendet werden.
Wichtig: Zwischen der Verabreichung von Medikamenten und der Beifütterung von Huminsäuren sollten mindestens 2 Stunden liegen.
Grund: Huminsäuren binden Wirkstoffe und führen sie vor der Verstoffwechselung aus.

Ingwer (Zingiber officinale)

Die scharfe Wurzel hat eine wurmabweisende und antibiotische Wirkung. Sie kann Übelkeit lindern und den

Stoffwechsel anregen und hat einen stärkenden Effekt aufs Immunsystem.

Innerliche Anwendung: Ingwer darf nur an Hunde und auch nur in sehr kleinen Dosen verfüttert werden. Ingwer ist nicht für eine Langzeitgabe geeignet.

Dosierung: 1 bis 2 Gramm pro 10 Kilo Körpergewicht täglich über eine Dauer von maximal 3 Wochen geben, danach 3 Wochen pausieren.

Bezug: Gemüseabteilung oder als Pulver aus der Apotheke.

Wichtig: Für Katzen ist Ingwer ungeeignet. Warnung: Kann blutverdünnend wirken, daher vor chirurgischen Eingriffen absetzen. Bei zu hoher Dosierung kann Ingwer Magen und Darm reizen.

Isländisch Moos (Cetraria islandica)

Diese Flechte ist sowohl bei Erkrankungen der oberen Atemwege als auch des Verdauungstrakts ein kleiner Segen. Ihre antibiotische Wirkung unterstützt die Therapie.

Innerliche Anwendung: Man arbeitet mit einem Kaltwasserauszug, den man ins Futter oder mit einer Spritze ins Maul gibt. Der Geschmack lässt sich mit etwas Honig oder Leberwurstpaste aufpeppen. Während die bitteren Flechtensäuren den Appetit anregen und ihre antibiotische Wirkung entfalten, beruhigen die Schleimstoffe Rachen, Hals und Magen, indem sie einen schützenden Film auf die Schleim-

häute legen. So werden Halsschmerzen, Reizhusten und Magenschmerzen gelindert. Die immunstimulierende Wirkung unterstützt den Heilungsprozess.
Bezug: Im Fachhandel.
Wichtig: Für Katzen ungeeignet.

Johanniskraut (Hypericum perforatum)

Zu den beruhigenden und angstlösenden Heilpflanzen gehört das Johanniskraut. Es kann dabei sehr wertvoll zur Therapie von nervösen Magenbeschwerden sein.
Innerliche Anwendung: Für die beruhigende Anwendung brüht man einen Teelöffel des getrockneten Blütenkrauts mit nicht mehr kochendem Wasser auf und lässt es fünf Minuten ziehen.
Äußerliche Anwendung: Johanniskrautöl wendet man äußerlich bei Verletzungen an. Geeignet ist es für Schürfwunden und Verbrennungen, es wirkt antibakteriell und entzündungshemmend. In der Heilphase beugen wir Hautwucherungen vor, indem wir die Narbe mit dem Öl täglich sanft massieren. Auch Liegeschwielen und die Pfo-

KAMILLE

tenballen lassen sich damit geschmeidig halten, wenn sie zu Rissen neigen.

Bezug: Man kann Johanniskrautblüten selbst sammeln, aufgrund der vielen Unterarten ist aber die Verwechslungsgefahr hoch. Am sichersten sind daher standardisierte Produkte aus der Apotheke und dem Fachhandel.

Warnung: Bei innerer Anwendung phototoxisch, weswegen starke Sonnenstrahlung zu vermeiden ist.

Kamille (Matricaria chamomilla)

Die Kamille ist eine der beliebtesten und vielseitigsten Heilpflanzen für Mensch und Tier mit einer Fülle von Heilwirkungen. Verwendet werden die Blüten.

Innerliche Anwendung: Bei Problemen im Verdauungstrakt lindert Kamillentee Entzündungen, Blähungen und Darmkrämpfe, beruhigt den Magen und fördert die Verdauung. Er wirkt antibakteriell, ohne die Darmflora zu stören. Für Katzen verwendet man den reinen Kamillentee, für Hunde kann man mit anderen Kräutern mischen.

Gibt man lauwarmen Kamillentee ins Futter, lindert dies Entzündungen im Maul. Auch für einen Entspannungstee eignet sich die Kamille.

Nicht zu unterschätzen ist die Kamille in Form von Tee als auch als Inhalat bei Entzündungen der oberen Atemwege. Wegen der milden ätherischen Wirkung lassen sich damit sogar Katzen behandeln.

Äußerliche Wirkung: Der aus den Blüten gezauberte Tee ist äußerlich für die Reinigung und Pflege verschiedenster Hautprobleme und Verletzungen geeignet.

Will man eine Bindehautentzündung mit Kamillentee behandeln, muss die Flüssigkeit gut filtriert werden, damit keine Schwebstoffe ins Auge kommen. Mit ihrem leichten Gehalt an Schleimstoffen, die

den Tränenfilm stabilisieren, ist aber die Kamille auch hier gut geeignet.
Bezug: Beim Sammeln darauf achten, dass die echte Kamille nicht mit der Hundskamille verwechselt wird. Getrocknete Kamillenblüten gibt es in der Apotheke und im Kräuterhandel.

Kapuzinerkresse (Tropaeolum majus)

Ihr hoher Gehalt an Senfölen macht diese pflegeleichte Gartenpflanze zu einem potenten pflanzlichen Antibiotikum. Besonders stark entfaltet sich diese Wirkung in den Atem- und Harnwegen. Bei der bakteriellen Blasenentzündung kann die Kresse das Schutzschild der Krankheitserreger aufbrechen. Ihre immunstärkende Wirkung

machen wir uns bei Frühjahrskuren wie auch bei unseren Seniortieren zunutze.
Innerliche Anwendung: Vom Pulver für Katzen 0,5 Gramm, für Hunde 1 bis 3 Gramm täglich ins Futter geben. Bei Verwendung der Frischpflanze die Menge verdreifachen.
Bezug: Kapuzinerkresse lässt sich leicht im Garten und sogar in Blumenkübeln auf dem Balkon ziehen und erfreut dabei mit wunderschönen Blüten. Die pulverisierte Droge gibt es im Fachhandel. Hier gibt es auch fertige Kombinationen mit Meerrettich, einem anderen natürlichen Antibiotikum.

Katzenkralle (Uncaria tomentosa)

Für viele indigene Völker Südamerikas ist die Katzenkralle eine heilige Pflanze. Die WHO hat das Lianengewächs mit den scharfen, gebogenen Dornen schon 1990 als traditionelle Heilpflanze anerkannt. Verschiedene Studien beweisen ihre breite Wirkung auf das Immunsystem und gegen Tumoren. Katzenkralle ist auch bei der Behandlung von Autoimmunerkrankungen eine Option.
Innerliche Anwendung: Das Pulver kann einfach ins Futter gegeben werden, nach Packungsanweisung dosiert. Alternativ nimmt man 10 Gramm geschnittene, getrocknete Rinde und kocht diese mit 0,5 Liter Wasser für ca. 30 Minuten. Dieser Sud sollte einem mittelgroßen bis großen Hund für 10 Tage reichen.
Bezug: Im Fachhandel, dabei unbedingt den korrekten lateinischen Namen beachten. Es gibt ähnlich klingende Pflanzenpulver, die wirkungslos sind.
Wichtig: Katzenkralle schmeckt extrem

bitter, weswegen bei vielen Vierbeinern die Verabreichung als Kapsel vorzuziehen ist. Für Katzen ist die Pflanze ungeeignet.

Katzenminze (Nepeta cataria)

Einerseits beruhigend, andererseits berauschend: Eine sehr ambivalente Wirkung hat diese Pflanze auf unsere Samtpfoten. Und einige reagieren gar nicht darauf – vermutlich genetisch bedingt.

Innerliche Anwendung: Wer ein beruhigendes Kraut für seine Mieze sucht, sollte den Einsatz der getrockneten Katzenminze vorsichtig testen. Denn die Katzenminze kann sehr gegensätzliche Wirkungen entfachen: Als getrocknetes Kraut verfüttert, beruhigt es die nervöse oder gestresste Samtpfote und regt ihren Appetit an. Der Duft der frischen Katzenminze aber kann für den Stubentiger berauschend sein, manche Tiere drehen dadurch richtig auf.

Bezug: Im Fachhandel. Die Stauden machen sich mit ihren lila Blüten auch gut im Garten.

Knoblauch (Allium sativum)

Antimikrobiell, antiparasitär und antimykotisch – das sind die Talente der Knoblauchzwiebel. Wir kennen sie zudem als durchblutungsfördernd, sie

löst Bronchialsekrete und pflegt die Darmflora. Und trotzdem scheiden sich beim Knoblauch für Hunde die Geister: Gesund oder giftig? Denn immer wieder wird gewarnt, Knoblauch zerstöre die roten Blutkörperchen unserer Lieblinge. Das aber ist eine Frage der Dosierung. Man weiß heute, dass diese Nebenwirkung erst bei Fütterung von 5 Gramm pro Kilo Körpergewicht eintritt, und zwar erst, wenn man diese Dosis mindestens eine Woche lang verabreicht. Kriegt man das überhaupt in einen Hund rein? 50 Gramm täglich für einen 10-Kilo-Hund, 150 Gramm für ein 30-Kilo-Tier – so viel frischen Knoblauch frisst kein Hund. Vorsichtig sein sollte man jedoch mit Fertigarzneimitteln, die das konzentrierte Granulat enthalten.

In angemessener Dosierung stärkt Knoblauch das Immunsystem, regelt die Verdauung und kann den Biofilm von Viren und Bakterien aufbrechen und sie damit angreifbar machen. Er kann Darmparasiten fernhalten und gibt Seniorhunden Power.

Innerliche Anwendung: Der Knoblauch wird gequetscht oder klein geschnitten ins Futter gegeben.

Dosierung: 4 bis 6g pro 10 Kilo Körpergewicht Hund. Entweder 2- bis 3 mal wöchentlich, oder als 10-Tages-Kur.

Äußerliche Anwendung: Der Duft des Knoblauchs kann vor Zecken und Flöhen schützen. Allerdings ist ein Abwehrspray auf Knoblauchbasis auch für uns nicht geruchlos. Bei Hautpilz wird täglich die sichtbar befallene Stelle mit der Schnittfläche einer Knoblauchzehe oder mit einem Tropfen Knoblauchöl eingerieben.

Bezug: Im Gemüsehandel.

Wichtig: Für Katzen ist Knoblauch aufgrund seiner ätherischen Öle nicht geeignet.

Kümmel (Carum carvi)

Verdauungsfördernd, appetitanregend, krampflösend und blähungstreibend – die Kümmelfrüchte, die wir traditionell schwer verdaulichen und Blähungen verursachenden Speisen zusetzen, helfen auch unseren Hunden im Magen-Darm-Trakt. Auch bei nervösen Herz- und Magenbeschwerden ist er Teil der Therapie. Bei säugenden Hündinnen kann er die Milchbildung anregen.
Innerliche Anwendung: Ein Teelöffel voll Kümmelfrüchte werden leicht angequetscht und dann mit heißem Wasser übergossen. Mindestens zehn Minuten stehen lassen. Eine bewährte Kombination ist ein Tee aus Kümmel, Fenchel und Anis.
Äußerliche Anwendung: Kümmel kann Bestandteil eines Anti-Floh-und-Zecken-Sprays sein.
Bezug: Der in der Küche verwendete Kümmel ist genau der richtige.
Wichtig: Für Katzen ist Kümmel wegen des hohen Gehalts an ätherischen Ölen nicht bekömmlich.

Kürbis (Cucurbita pepo)

Kürbiskerne können bei einer Prostatavergrößerung helfen, auch bei mancher inkontinenten Hündin wirken sie positiv. Sinnvoll sind sie zudem zur Wurmprophylaxe.
Innerliche Anwendung: Die frisch zerkleinerten Kerne ins Futter geben.
Tagesdosierung: 2 bis 3 Gramm auf 10kg Körpergewicht.
Bezug: Aus dem frischen Ölkürbis die Kerne lösen, abwaschen und für 10 bis

12 Stunden bei 50 Grad im Backofen trocknen, dann schälen. Das silberne Häutchen unter der Schale sollte unbeschädigt bleiben. Kürbiskerne gibt es auch in Supermärkten und Drogerien.

Lavendel (Lavandula officinalis)

Diese Farbe... Dieser Duft... Diese Heilkraft! Die Blüten und die Blätter dieser wunderbar duftenden Pflanze haben verschiedene therapeutische Vorteile.

Innerliche Anwendung: Ein Aufguss aus den Blüten wirkt beruhigend, auch bei nervösen Verdauungsstörungen und Blähungen. Anstatt des Tees kann man die getrocknete Pflanze ins Futter mischen.

Äußerliche Anwendung: Lavendelöl fördert durch die antimikrobielle Wirkung die Wundheilung und bekämpft Pilzinfektionen. Als Bestandteil eines Insektensprays schützt Lavendel unsere Hunde vor Zeckenstichen.

Bezug: Bei der Gartenpflanze die Blätter und Blüten kurz vor dem Aufblühen sammeln und trocknen. Lavendelöle gibt es im Handel.

Wichtig: Katzen vertragen die ätherischen Öle nicht.

Lein (Linum usitatissimum)

Vor allem der Schleim, den die getrockneten Leinsamen bei Kontakt mit Wasser produzieren, hat eine hohe therapeutische Wirkung.

Innerliche Anwendung: Gegen Darmträgheit und Verstopfung gibt man die leicht vorgequollenen Samen und den

durchs Einweichen produzierten Schleim ins Futter, das man zusätzlich mit Flüssigkeit ergänzt. Im Darm saugen sich die Leinsamen noch weiter voll, erweitern ihr Volumen und regen damit die Darmbewegung an. Gleichzeitig erleichtert der Schleim die Ausscheidung. Der Schleim aus dem Kaltauszug wirkt reizlindernd und bildet einen schützenden Film in Speiseröhre, Magen und Darm, wenn wir ihn vor der Fütterung geben. Wir gießen 1 Glas Wasser auf 1 Esslöffel Leinsamen, schon nach einer Stunde können wir den Schleim abseihen.

Dosierung Hund: 2 bis 5g / Tag. **Katze**: 0,5 bis 1g / Tag.

Äußerliche Anwendung: Für Muskel- und Gelenkschmerzen gibt es einen wohltuenden Umschlag. Dazu kochen wir 2 EL geschrotete Leinsamen auf eine Tasse Wasser, bis ein zäher Brei entsteht. Sobald sich dieser auf Hauttemperatur abgekühlt hat, geben wir ihn fingerdick auf ein Geschirrtuch, und legen dies, zu einem Päckchen gefaltet, auf das entzündete Gelenk. Um die Wärme möglichst lange zu erhalten, wickeln wir ein weiteres Tuch drum.

Bezug: Leinsamen gibt es im Lebensmittelhandel und im Reformhaus.

Wichtig: Zwischen der Verabreichung von Medikamenten und der Beifütterung von Leinsamen sollten mindestens 2 Stunden liegen. Grund: Die Leinsamen könnten Wirkstoffe binden und ausführen, bevor sie verstoffwechselt werden.

Löwenzahn (Taraxacum officinale)

Den Löwenzahn kennt jeder, und er wächst so ziemlich überall. Sogar ungeübte Kräutersammler finden ihn. Man sollte drauf achten, ihn nicht direkt vom Ackerrand (wegen der in der Landwirtschaft verwendeten chemischen Pflanzenschutzstoffe) oder Straßenrand (wegen der Abgas- und Feinstaubbelastung) zu nehmen. Von unbelasteten Standorten aber ist der Löwenzahn eine Pflanze mit wertvollen Vitaminen und Mineralien und mit besten Eigenschaften für den Stoffwechsel. Löwenzahn hat eine positive Wirkung auf die Leber und regt die Bauchspeicheldrüsen- und Gallenproduktion an. Er ist harntreibend, unterstützt die Nieren und reinigt das Blut. Deswegen gehören junge Löwenzahn-Blätter unbedingt in die Frühjahrs-Entgiftungskur. Später im Jahr können auch die Blüten und Knospen mitgefüttert werden. Wird im Herbst die Wurzel geerntet, bringt sie viel vom Präbiotikum Inulin mit sich – gut für die Darmflora.

Innerliche Anwendung: Idealerweise hackt man im Frühling die jungen, frischen Blätter klein und mischt sie ins Futter des Hundes oder nimmt sie als Zutat für seinen Smoothie. Je nach Größe bekommt der Hund täglich 1 bis 5g. Auch als Tee liefert er nach 15 Minuten Ziehzeit.

Bezug: Wer nicht sammeln kann oder will, kann Löwenzahnsaft aus dem Reformhaus verwenden. 1 bis 2 Teelöffel über jede Mahlzeit geben. Löwenzahnwurzelpulver gibt es im Fachhandel.

Wichtig: Für die Katze eignet sich die Tinktur nicht, wohl aber eine kleine Dosis (0,5g / Tag) vom frischen oder getrockneten, pulverisierten Kraut.

Malve (Malva sylvestris, M. neglecta)

Seit der Antike ist die Malve für ihre positive Wirkung auf unterschiedliche Beschwerden bekannt.

Innerliche Anwendung: Der Schleim des Mazerats lindert die gereizte Magenschleimhaut, indem er einen schützenden Film bildet. Bei Erkrankungen der Atemorgane hat die Malve eine sanfte schleimlösende und gleichzeitig schleimhautschützende Wirkung, weswegen sie eine gute Ergänzung in manchem Hustentee für Hunde und Katzen ist.

Bezug: Malven sind wunderschöne Blühpflanzen für den Garten. Wir nutzen die Blüten und Blätter der ausgewachsenen Pflanze. Getrocknete Malve gibt es im Fachhandel und in Apotheken.

Mariendistel (Silybum marianum)

Der Silymarinkomplex schützt und stärkt die Leber, regt den Gallefluss an sowie den Stoffwechsel und somit die Entgiftung. Es ist das bekannteste und am besten erforschte Leberheilmittel aus der Phytotherapie und wird selbst von Schulmedizinern regelmäßig eingesetzt. Die Mariendistel ist häufig Bestandteil von Ergänzungsfuttermitteln zur Leber-Unterstützung, bei denen aber nicht immer ersichtlich ist, wie hoch der Gehalt des eigentlichen Wirkstoffes Silymarin ist.

Innerliche Anwendung: Die empfohlene Silymarin-Dosierung für Hunde und Katzen liegt bei 20 bis 50mg pro kg Körpergewicht und Tag.

Bezug: Standardisierte Medikamente aus der Apotheke oder vom Tierarzt.

Meerrettich (Armoracia rusticana)

Ein hoher Gehalt an Senföl macht die scharfe Wurzel zu einem der stärksten pflanzlichen Antibiotika. Dabei lässt er die gesunden Darmbakterien in Ruhe und es bilden sich keine Resistenzen. Die Uniklinik Freiburg ermittelte in einer Studie, dass Senfölglykoside aus Kapuzinerkresse und Meerrettich eine deutliche Keimhemmung gegen 13 Bakterienarten zeigten - sogar gegen den vielfach resistenten MRSA. Gleichzeitig ist Meerrettich immunstimulierend.

Innerliche Anwendung: Besonders wirksam ist die Pflanze bei Harnwegs- und bei Atemwegsinfektionen, idealerweise in Kombination mit Kapuzinerkresse. Die im Meerrettich enthaltenen Scharfstoffe sind günstig, um ein wurmwidriges Darmmilieu zu erreichen.

Bezug: Meerrettichwurzel bekommt man natürlich frisch in der Gemüseabteilung. Der scharfe Geschmack wird aber von unseren Hunden kaum toleriert, warum wir zu Fertigarzneien greifen sollten. Damit erreichen wir eine wirksame Dosis ohne die Gefahr einer Magenverstimmung. Als Wurmprophylaxe bekommen Hunde 0,1 bis 1g / Tag der Trockenpulvers ins Futter.

Wichtig: Bei magenempfindlichen Hunden sehr vorsichtig einsetzen. Für Katzen ist Meerrettich nicht geeignet.

Melisse (Melissa officinalis)

Die Beruhigung des Nervensystems ist die Hauptwirkung der leicht nach Zitrone duftenden Melisse.

Innerliche Anwendung: Für Hunde wie Katzen geeignet ist der Aufguss aus getrockneten Melissenblättern. Damit lindert man nervöse Magenverstimmungen und beugt sogar Magengeschwüren vor und verhindert Nüchtern-Erbrechen.

Bezug: Getrocknetes Kraut aus der Apotheke für die Teezubereitung.

Mistel (Viscum)

Ob die auf Bäumen wachsende Mistel ein

Schmarotzer ist oder ob sie symbiotisch mit ihrer Wirtspflanze zusammenlebt, sei dahingestellt. Die Mistel ist vor allem aus der alternativen Krebstherapie bekannt. Die Studienlage ist allerdings nicht eindeutig. Bei manchen Forschungsarbeiten gibt es keinen belegbaren Effekt, andere liefern deutliche Hinweise, dass die Mistel die Abwehrzellenproduktion anregt oder dass sie das Wachstum von Krebszellen verringert, die sie außerdem zur Apoptose (Absterben der Krebszelle) anregt. In der Praxis ist deutlich zu beobachten, dass sich unter der Misteltherapie das Allgemeinbefinden der Patienten bessert. Daneben ist die Mistel ein gutes Präparat für das älter werdende Tier. Sie stabilisiert das Immunsystem und normalisiert den Blutdruck. Von manchen Therapeuten werden Mistelpräparate als Reiztherapie bei arthrotischen Gelenken injiziert.

Bezug: Fertigpräparate zum Injizieren oder in Tropfenform, Dosierung nach Anweisung.

Warnung: Nicht die Mistel oder Teile davon verfüttern, es besteht Vergiftungsgefahr.

Wichtig: Die Tumorbehandlung mit der Mistel sollte unbedingt durch einen erfahrenen Therapeuten begleitet werden, nicht zuletzt, um die optimale Mistelsorte und Dosierung zu finden.

Mönchspfeffer (Agnus castus)

Mönchspfeffer kann hormonelle Prozesse regulieren und damit Verhalten ausgleichen, das aus derartigen Störungen resultiert. Die Wirkung zeigt sich sehr zeitverzögert, der Einsatz vom Mönchspfeffer ist also nichts für eine schnelle Hilfe.

Innerliche Anwendung: Die Tagesdosis für Hunde liegt bei 0,3 bis 1g der getrockneten, pulverisierten Früchte. Da Mönchspfeffer sehr würzig schmeckt, vorsichtig eingewöhnen. Fertigpräparate nach Packungsanweisung.

Bezug: Im Fachhandel oder als Fertigarznei aus der Apotheke.

Warnung: Nicht geeignet für trächtige oder säugende Tiere. Nicht geben bei Mammatumoren. Für Katzen nicht geeignet.

Passionsblume (Passiflora incarnata)

Wir kennen vor allem die aromatischen Früchte, die Maracuja. Darüber hinaus werden auch bei uns Blüte und Kraut der Passionsblume bei Angst und nervöser Unruhe, Anspannung und Reizbarkeit eingesetzt. In ihrer Heimat, in den Regenwäldern Mittel- und Südamerikas, wird sie bei den Ureinwohnern als Beruhigungsmittel geschätzt. Sie kann sogar eine leicht schmerzlindernde Wirkung haben.

Innerliche Anwendung: Vom getrockneten Kraut über mindestens 2 Wochen 0,5 bis 1g ins Futter geben. Fertigpräparate nach Packungsanweisung.

Bezug: Im Kräuterhandel oder in Fertig-Kombinationspräparaten.

Wichtig: Für Katzen ist die Passionsblume nicht geeignet.

Petersilie (Petroselinum crispum)

Die harntreibende Kraft des Gewürzkrauts ist seit Jahrhunderten bekannt. Damit unterstützt sie unser Tier bei Blasen- und Nierenproblemen und bei der Entgiftung. Die leicht milchhemmende

Wirkung machen wir uns bei der Scheinschwangerschaft der Hündin zunutze.
Innerliche Anwendung: Hunde dürfen das frische, gehackte Petersilienkraut mit dem Futter bekommen, aber nicht mehr als 1 TL / Tag für den großen Hund. Bei Katzen empfiehlt sich der Einsatz als Tee.
Bezug: Lässt sich gut im Garten und in Töpfen ziehen.
Warnung: Nicht während der Trächtigkeit und der Laktation geben.

Pfefferminze (Mentha x piperita)

Ein altbekanntes Talent in der Phytotherapie ist die Pfefferminze. Leider finden viele Hunde ihren Geschmack nicht allzu verführerisch. In kleinen Mengen aber, etwa im Tee mit Kümmel, Anis und Fenchel kombiniert, entfaltet er eine beruhigende und krampflösende Wirkung bei Verdauungsproblemen und wirkt gegen Übelkeit und Brechreiz.
Innerliche Anwendung: Für die Teezubereitung verwenden wir die frischen oder getrockneten Pfefferminzblätter.
Bezug: Die Minze lässt sich gut im Garten oder im Topf ziehen. Getrocknete Blätter gibt es als Pfefferminztee in jedem Lebensmittelgeschäft, in Reformhäusern und Apotheken.
Wichtig: Für Katzen ist die Minze aufgrund der ätherischen Öle nicht bekömmlich.

Extra: Propolis

Bienen produzieren dieses Kittharz, um damit ihren Wohnraum abzudichten. Im Bienenstock ist es warm und feucht, was eigentlich günstigste Bedingungen für eine Vielzahl von Krankheitsüberträgern bietet. Aber der Propolis, so weiß man inzwischen, bietet Familie Biene einen effektiven Schutz, denn er hat antibiotische, antivirale und antifungale Wirkungen.
Innerliche Anwendung: Propolis stärkt das Immunsystem, was auch Senioren und Tumorpatienten zugutekommt. Auch soll es Darmparasiten beseitigen. Die Dosierung des reinen Pulvers liegt bei 0,1g / kg / Tag.
Äußerliche Anwendung: Propolis lindert die verschiedensten Haut- und Schleimhautdefekte, ob durch Verletzungen, Infektionen oder Verbrennungen.
Bezug: Im Reformhaus oder vom Imker. Auf Reinheit und Bio-Qualität achten. Eine Salbe für die äußerliche Anwendung kann man aus einer Propolistinktur (Imker oder Apotheke) selbst herstellen oder in der Apotheke kaufen.
Warnung: Propolis hat ein relativ hohes allergisches Potential, besonders als Kontaktallergen.

Ringelblume (Calendula officinalis)

Die wunderschönen Blütenblätter der Heilpflanze des Jahres 2009 haben beste wundheilende Wirkungen. Sie hemmen Entzündungen und sind stark gegen Bakterien, Viren und Pilze. Dazu unterstützen sie die Hautzellenerneuerung. Das macht sie zum Mittel der Wahl bei Wundheilungsstörungen. Idealerweise stellen wir eine Tinktur her.
Innerliche Anwendung: Ein Ringelblumentee kann Magen-Darmbeschwerden lindern und wird bei Leberschwäche empfohlen. Dabei beruhigt er das Nervensystem.
Äußerliche Anwendung: Ein kalter Ölauszug oder eine daraus hergestellte Salbe ist ein hochwertiges Pflegemittel für Narben, Schrunden und Liegeschwielen.
Bezug: Die Ringelblume ist eine dankbare Gartenpflanze, sie erfreut ohne große Ansprüche mit vielen leuchtenden Blüten. Die getrockneten Blütenblätter gibt es im Fachhandel. Fertige Salben, Tinkturen und Öle bekommt man bei der Apotheke.

Warnung: Als Korbblütler bei Allergikern vorsichtig einsetzen.

Rosenwurz (Rhodiola rosea)

Der sogenannte „Ginseng des Nordens" ist eine in Skandinavien und Russland traditionelle Heilpflanze, die die Widerstandskraft bei Stress stärkt und Erschöpfung lindert. Dabei erhöht Rosenwurz die Konzentrationsfähigkeit, ist gleichzeitig angstlösend und entspannend. In unserer anstrengenden

Umwelt ist die adaptogene Wirkung von Rosenwurz immer wichtiger.
Innerliche Anwendung: Als Arzneimittel wird für die Teeherstellung die Wurzel verwendet.
Bezug: Im Kräuterfachhandel und in Kombination mit anderen beruhigenden Phytotherapeutika als Fertigpräparat.

Salbei (Salvia officinalis)

„Warum sterben die Menschen an Krankheiten, wenn in den Gärten Salbei wächst?" Diese Bemerkung aus einer Kräuterkunde charakterisiert schon im 10. Jahrhundert, wie vielfältig die Heilwirkungen des Salbeis sind.
Äußerliche Anwendung: Auf der Haut wirkt Salbei desinfizierend, es tötet Viren, Pilze und Bakterien. Nachdem nässende Ekzeme durch Gerbstoffdrogen ausgetrocknet wurden, gibt Salbei den richtigen Impuls zur finalen Wundheilung. Dazu setzen wir ein Salbeiöl ein. Bei Entzündungen im Mundraum ist Salbei die unbedingte Nummer eins: Wir Menschen gurgeln, bei unseren Tieren können wir Läsionen an den Schleimhäuten mit Salbeitee abtupfen.
Innerliche Anwendung: Salbei wirkt im Magen-Darm-Trakt entkrampfend und entzündungshemmend und regt den Appetit an. Bei Husten und Halsschmerzen lindert Salbeitee mit Honig die Beschwerden. Er soll sogar den Blutzucker senken und Tumor- und Metastasenwachstum hemmen. Genutzt werden die getrockneten Blätter aufbereitet als Tee. Man übergießt das Kraut mit kochendem Wasser und lässt es mindestens zehn Minuten ziehen.
Bezug: Im Garten anpflanzen oder die getrockneten Blätter als Tee im Handel kaufen.
Warnung: Nicht für tragende und milchgebende Tiere geeignet, da Salbei die Milchbildung hemmen kann. Salbeiöl nicht bei Epileptikern anwenden.

Schafgarbe (Achillea millefolium)

Die Schafgarbe ist ein absoluter Tausendsassa und hat eine lange Tradition als Heilpflanze. Den lateinischen Namen verdankt sie Achilles, Held der griechischen Mythologie, der ihre blutstillende und wundheilende Wirkung genutzt haben soll.
Innerliche Anwendung: Als Tee oder frisch gepresst unterstützt die Schafgarbe die Verdauungsorgane, beginnend bei Magen über Leber und Galle bis hin zum Dickdarm. Sie wirkt entzündungshemmend, appetitanregend und löst Blähungen und Verstopfung.
Bei Harnwegsinfektionen unterstützt der Schafgarbentee die Nierentätigkeit. Auch im Erkältungstee darf die Schafgarbe ihre entzündungshemmende und krampflösende Wirkung entfalten.
Äußerliche Anwendung: Bei kleinen Verletzungen wirkt ein Schafgarbenaufguss desinfizierend und blutstillend.
Bezug: Wo keine Rückstände von chemischen Pflanzenschutzstoffen, Insektiziden oder Abgasen zu befürchten sind, kann die Pflanze den ganzen Sommer über gesammelt werden. Unten abschneiden und die vom Stängel gezupften Blätter und Blüten verwenden.
Warnung: Die Frischpflanze kann wie alle Korbblütler allergische Reaktionen an der Haut auslösen, auch bei innerer Verwendung.

Sonnenhut (Purpursonnenhut, Echinacea)

Der Sonnenhut ist bekannt für seine immunstärkende Kraft. Wir setzen ihn immer ein, wenn unser Tier Power für die Abwehr benötigt – bei wiederkehrenden Infekten, vor stressigen Phasen, bei Wundheilungsstörungen oder im Alter.
Innerliche Anwendung: Vom getrockneten Kraut 0,5 bis 1 Gramm täglich ins Futter. Nicht länger als 2 Monate füttern.
Bezug: Im Kräuterfachhandel. Fertigpräparate in Apotheken und im Heimtierfachhandel.
Warnung: Echinacea ist ein Korbblütler und sollte daher bei Allergikern vorsichtig angewendet werden.

Spitzwegerich (Plantago lanceolata)

Spitzwegerich schmeckt gut im Salat und kann auch klein geschnitten ins Hundefutter gegeben werden. Sein Kieselsäuregehalt ist gut fürs Bindegewebe, dazu liefert er wertvolle Mineralien und Vitamine.
Innerliche Anwendung: Gerne genossen wird die wohltuende Wirkung bei gereizten Schleimhäuten. Er lindert Husten und wunde Mund- und Rachenschleimhäute. Dabei wirkt er sogar antibiotisch. Verwendet wird er als Kaltansatz: 1 TL Blätter auf ¼ Liter Wasser 2 bis 3 Stunden stehen lassen.
Äußerliche Anwendung: Spitzwegerich ist einfach und effektiv in der Anwendung als blutstillendes und entzündungshemmendes Wundpflaster: Einfach die Blätter abpflücken, leicht anquetschen und auf die Verletzung legen. Damit sind auch Beschwerden durch Insektenstiche zu lindern.
Bezug: Wächst quasi überall und kann von Frühjahr bis Herbst überall gepflückt werden, wo keine Kontamination durch Pflanzenschutzchemie oder Abgase zu befürchten ist. Man verwendet die inneren Blätter.

Teufelskralle (Harpagophytum procumbens)

Hat das Tier Schmerzen durch Arthrosen, ist immer jemand in der Nähe der Teufelskralle empfiehlt. Die Nachfrage nach der Pflanze ist in den letzten Jahrzehnten so stark gestiegen, dass sie aufgrund von Übernutzung aus manchen Landstrichen Afrikas fast verschwunden war. Inzwischen gibt es Projekte zur nachhaltigen Wildsammlung, auch hat sich der kommerzielle Anbau etabliert.
Innerliche Anwendung: Die Wurzeln dieser afrikanischen Pflanze sind anerkannt für ihre abschwellende schmerz- und entzündungshemmende Wirkung bei Skeletterkrankungen sowie für die Linderung von leichten Verdauungsschmerzen. Bei Langzeitanwendungen kann es zu Magen-Darm-Problemen kommen. Deswegen sollte nach einer zweimonatigen Kur eine ebenso lange Pause erfolgen.
Bezug: Da der Gehalt an Harpagosiden für die Wirkung entscheidend ist, empfehle ich standardisierte Präparate aus der Apotheke. Die getrocknete Pflanze dosiert man so: Bei akuten Beschwerden gibt man zwei Gramm Wurzelpulver pro 10 Kilo Körpergewicht. Für länger andauernde Kuren reicht ein Gramm auf 15 Kilo. Katzen bekommen 0,5g täglich.

Thymian (Thymus vulgaris)

Mit seiner starken antibiotischen Wirkung kann der Thymiantee sowohl bei Hustenerkrankungen als auch bei Darminfektionen ohne Durchfall die Rettung sein. Die ätherischen Öle haben eine wurmabweisende Wirkung.

Innerliche Anwendung: Thymiantee löst den Husten und fördert den Auswurf, ist dabei leicht krampfstillend und schmerzlindernd. Viele Hunde mögen Thymianhonig, der ebenfalls den Husten lindert. Dazu rührt man 5 TL Thymian in 250ml Honig. Nach 2 Wochen Ziehzeit ist die Mischung fertig zum Einsatz.

Äußerliche Anwendung: Thymiantee kann die Wundheilung gut unterstützen.

Bezug: Die jungen Blätter von der Thymianpflanze im eigenen Garten erfüllen ihren Zweck. Thymiantee gibt es in Reformhäusern und im Fachhandel.

Wichtig: Für Katzen ist Thymian wegen der starken ätherischen Öle ungeeignet.

Warnung: Kann die Gebärmuttertätigkeit anregen, daher nicht bei trächtigen Tieren einsetzen. Bei Durchfall ist Thymiantee kontraproduktiv, auf die Verdauung wirkt er eher anregend als regulierend.

Ulmenrinde (Slippery Elm Bark)

Die innere Rinde der amerikanischen Rotulme wird unter dem Namen „Slippery Elm Bark" unter Hunde- und Katzenhaltern als Geheimtipp bei Magen-Darm-Problemen gehandelt. Tatsächlich wirkt sie entzündungshemmend und entgiftend, hilft gegen Übelkeit, Erbrechen und Sodbrennen.
Innerliche Anwendung: Man stellt aus der pulverisierten Rinde einen Kaltauszug her und verabreicht den daraus resultierenden schleimigen Sirup etwa eine Stunde vor Fütterung, evtl. gemischt mit etwas Fleischbrühe oder laktosefreiem Joghurt für den guten Geschmack.
Äußerliche Anwendung: Zur Paste angerührt kann die Rinde auch kleine Verletzungen lindern.
Bezug: Im Fachhandel.
Warnung: Kann die Absorption von Nährstoffen und Arzneimitteln verringern, deswegen nicht gleichzeitig geben.

Wacholder (Juniperus communis)

Die Beeren haben einen starken harntreibenden Effekt, den wir uns für eine Durchspülungskur zunutze machen, etwa bei Harnsteinen und Blasenentzündungen. Die ätherischen Öle desinfizieren dabei den Urin und lindern Entzündungen.
Innerliche Anwendung: Die getrockneten Beeren werden vor der Teezubereitung angequetscht.
Bezug: Im Herbst die reifen Früchte vom Baum schütteln. Getrocknete Beeren gibt es im Fachhandel.
Wichtig: Nicht für Katzen geeignet.
Warnung: Nicht bei entzündlichen Nierenerkrankungen anwenden. Nicht länger als sechs Wochen geben. Nicht für trächtige Tiere geeignet.

Walnuss (Juglans regia)

Nicht die leckeren Nüsse, sondern die

Blätter nutzen wir als medizinisch wirksame Droge.
Innerliche Anwendung: Der Tee aus Walnussblättern hat aufgrund des Gerbstoffgehalts eine zusammenziehende Wirkung, die bei Durchfällen hilfreich ist. Er ist zudem eine sinnvolle Ergänzung in antiparasitären Rezepten.
Äußerliche Anwendung: Walnuss begünstigt die Wundheilung. Vor allem bei nässenden Ekzemen mit Juckreiz, zum Beispiel beim Hot Spot, bewähren sich Umschläge aus Walnussblättersud. Dieser ist stark gegen Bakterien und Pilze.
Bezug: In der Natur oder im Fachhandel.

Weide (Salix)

Die Rinde der Weide enthält Salicin, und dieses wird im Körper zu Salicylsäure umgebaut – dem Grundstoff für Schmerzmittel auf Acetylsalicylsäure (ASS). Das geben wir unserem Tier natürlich nicht, denn das synthetische ASS reizt seine Magen-Darmschleimhäute und kann die Nieren schädigen. Der pflanzliche Wirkstoff hingegen ist für Hunde wie Katzen ungefährlich, und durch die weiteren Inhaltsstoffe der Weidenrinde verstärkt sich der schmerzlindernde Effekt noch. Dazu kommt eine knorpelschützende, stoffwechselanregende und fiebersenkende Wirkung, was die Weidenrinde zu einem wertvollen Hilfsmittel auch bei rheumatischen Erkrankungen macht.
Innerliche Anwendung: 1 Teelöffel der pulverisierten Rinde mit ¼ Liter kaltem Wasser übergießen und zwei bis drei Stunden stehenlassen. Dann aufkochen und fünf Minuten ziehen lassen. Man gibt vom fertigen Sud zwei- bis dreimal täglich 1 bis 3 Teelöffel pro 10 Kilogramm Gewicht.

Bezug: Als Fertigdroge im Fachhandel. Oder im Frühjahr die 2- bis 4-jährigen Zweige schälen und die gewonnene Rinde trocknen.

Weihrauch (Boswellia serrata)

Ein uraltes Heilkraut – schon Hippokrates erwähnte es – beweist seine Wirksamkeit bis in die heutige Zeit. Der schmerzlindernde Effekt bei degenerativen Skeletterkrankungen bei Hunden wurde in verschiedenen Studien belegt. Laut einer Schweizer Veröffentlichung aus 2004 war bei 71 Prozent der Probanden schon nach zweiwöchiger Verabreichung eine deutlich verminderte Schmerzhaftigkeit und ein verbessertes Gangbild zu erkennen.
Dabei bietet der Harzextrakt des Indischen Weihrauchbaums eine spezialisierte entzündungshemmende Funktion, die die Körperstrukturen vor weiteren Schäden schützt. Chronische Entzündungen erhalten sich selbst, weil das Immunsystem den Prozess durch

Botenstoffe aktiv hält. Boswellia-Säuren blockieren nicht nur die Bildung, sie bringen die hierfür verantwortlichen Enzyme sogar dazu, entzündungshemmende Botenstoffe zu produzieren.
Ein anderes, bewährtes Einsatzgebiet für Weihrauch sind chronische Darmentzündungen. In der Humanmedizin findet es immer wieder Einsatz, um längerfristigen Kortisonbedarf zu verhindern oder zu verringern, es leistet auch bei Autoimmunerkrankungen wertvolle Hilfe.
Eine tumorwidrige Wirkung von Boswellia wird intensiv weiter erforscht.
Innerliche Anwendung: Die empfohlene Dosis für Hunde bei Gelenkproblemen oder Darmentzündungen lautet 400mg / 10kg Körpergewicht eines standardisierten Boswellia-Harzextraktes.
Bezug: Ich empfehle Fertigprodukte, in denen der Weihrauch mit stoffwechselaktivierenden oder anderen schmerzhemmenden Kräutern kombiniert ist.
Wichtig: Für Katzen nur geeignete Fertigprodukte verwenden und nicht überdosieren.

Weißdorn (Crataegus)

Ein Tee aus den während der Blüte geernteten Triebspitzen oder der Saft aus den Blättern und Beeren liefern die begehrte Wirkung. Weißdorn ist ein anerkanntes Herztonikum, er stärkt den Herzmuskel, erweitert die Herzkranzgefäße und fördert die Durchblutung. Gleichzeitig unterstützt er indirekt die Entgiftungsorgane Leber und Niere. Für ältere Tiere ist der Weißdorn ein wunderbares Herz-Pflegemittel, durch das sie sogar die Sommerhitze besser vertragen. Die Wirkung tritt erst nach einigen Wochen Einnahme ein, der Weißdorn kann aber dauerhaft gegeben und kaum überdosiert werden.

Innerliche Anwendung: Für den Tee nimmt man zwei Teelöffel Blüten und Blätter, übergießt diese mit 300ml siedendem Wasser und lässt das Ganze 15 Minuten ziehen.
Weißdornsaft wird aus Blättern, Blüten und Früchten gepresst. Katzen bekommen davon 1 Teelöffel, Hunde je nach Größe 2 Teelöffel bis 2 Esslöffel am Tag.
Bei Verwendung von getrocknetem, pulverisiertem Weißdorn bekommen Katzen bis zu 0,5g / Tag, Hunde bis zu 1g / Tag.
Bezug: In der Natur oder im Fachhandel. Fertigprodukte aus Apotheke und Fachhandel.

Wermut (Artemisia absinthium)

Der hohe Gehalt an Bitterstoffen prädestiniert den Wermut für den Heileinsatz im Magen-Darmtrakt. Hier regt er den Gallenfluss und die Produktion der Bauchspeicheldrüsenenzyme an und gleichzeitig den Appetit. Auch in Rezepten zur Abwehr von Darmparasiten wird Wermut genannt.
Innerliche Anwendung: Als Tee oder getrocknetes Kraut. Es kann Probleme mit der Akzeptanz geben, da Wermut sehr bitter ist. Ein wenig Honig hilft.
Bezug: In Apotheken und Fachhandel. Zur Wurmprophylaxe empfehlen sich Fertigprodukte (z.B. Wermix Aniforte).
Wichtig: Für Katzen darf Wermut nur in niedriger Dosierung verwendet werden, daher Fertigpräparate verwenden.
Warnung: Nicht für trächtige Tiere geeignet.

RATGEBER

Was gehört in die Hunde-Hausapotheke?

Wie wir für uns selbst immer Pflaster, Schmerzmittel und einige andere Standardmedikamente im Haus haben, sollten wir auch für unsere Tiere eine kleine Notfallapotheke einrichten. Die Top Ten aus diesem Buch sind ein Grundstock für unsere Kräuterapotheke. Damit können wir jederzeit eine kleine Ersthilfe leisten, bevor aus der Apotheke oder dem Fachhandel speziellere Phytoarzneien für die gezielte Behandlung eintreffen.

Die Top 10 aus der Naturapotheke

- **Ackerschachtelhalm** (Seite 162) – Wertvoll bei Harnwegsinfekten und zur Stoffwechselentgiftung. Und die Kieselsäure stärkt Gelenke und Bindegewebe.
- **Brennnessel** (Seite 170) – Harntreibend und desinfizierend bei Blasen- und Nierenbeschwerden, unentbehrlich in der Entgiftung, Powerfood (nicht nur) für Grauschnauzen.
- **Huminsäuren** (Seite 182) – Sanfte Magen- und Darmpflege und wirksame Entgiftung.
- **Kamille** (Seite 185) – Der Tausendsassa. Hautpflege und Wundspülung, Inhalat und vor allem hilfreich bei Problemen mit dem Magen- und Darmtrakt.
- **Löwenzahn** (Seite 191) – Unterstützung für die Entgiftungsorgane Leber und Nieren. Gehört in jede Frühjahrs-Entgiftungskur, bringt aber auch viele Vitamine und Mineralien ins Futter.
- **Propolis** (Seite 197) – Der Kittharz der Bienen schützt wirkungsvoll vor Bakterien, Viren und Pilzen und stärkt das Immunsystem.
- **Ringelblume** (Seite 198) – Äußerlich kraftvolle Hautpflege, innerlich für Magen, Darm, Leber und die Nerven.
- **Salbei** (Seite 199) – Auf der Haut desinfizierend und wundheilend. Innerlich lindert er Husten, Halsschmerzen und Magen-Darmkrämpfe. Sogar bei Tumorerkrankungen ist er hilfreich.
- **Schafgarbe** (Seite 199) – Bei Verletzung nutzen wir ihre blutstillende und desinfizierende Wirkung. Im Magen-Darmtrakt wirkt sie entzündungshemmend, appetitanregend und löst Blähungen sowie Verstopfung.
- **Sonnenhut** (Seite 200) – Power für die Abwehr, ob bei der Rekonvaleszenz, bei Immunschwäche oder im Alter.

Bezugsadressen

Kräuter: Eine gute Qualität liefern u.a. diese Firmen: herbathek.de, kräuterkontor.de, krauterie.de (speziell für Hunde und Katzen), makana.de, natur-kraeuter.de, vom-achterhof.de.
Fertigpräparate: Eine gute Qualität liefern u.a. diese Firmen: alfavet, Anibio, Anifit, AniForte, cdVet, Cefak, Dr. Hölter, PerNaturam, PlantaVet (Bezug über Tierarzt), PuurNatur.
Vitalpilze: Eine gute Qualität liefern u.a. diese Firmen: bio-heilpilze .com, hawlik-vitalpilze.de, mycovital.de, wohlrab-pilze.de.
Hinweis: Das sind nur einige Anbieter, die ich aufgrund guter Erfahrungen oder seriöser Empfehlungen nenne. Andere Tierheilpraktiker oder Tierärzte mögen andere Produkte und Hersteller bevorzugen.

EXTRA

Rezeptsammlung

Kräutermischungen für alle *Felle*

Die Fotos in diesem Kapitel dienen nur Schmuckzwecken und bilden nicht zwangsläufig die angesprochenen Kräuter ab.

Schmerzlinderung und Stoffwechsel-aktivierung bei Arthrosen

Zutaten:

- **50 Gramm Ackerschachtelhalm**
- **20 Gramm getrocknete Brennnesselblätter**
- **20 Gramm getrocknete Löwenzahnblätter**
- **30 Gramm Hagebuttenpulver**
- **20 Gramm getrockneten Giersch**

Zubereitung:

Um die Kieselsäure zu lösen, 50 Gramm getrockneten Ackerschachtelhalm mindestens 30 Min. bei kleiner Hitze mit 1/4 Liter Wasser köcheln. In den abgekühlten Sud mischen Sie die anderen Kräuter. Vom fertigen Mix bekommen Hunde täglich pro 10 Kilo Körpergewicht 1 Esslöffel ins Futter. Katzen wird nur 1 bis 2 Teelöffel der abgeseihten Flüssigkeit gegeben.

Wirkung:

Der Ackerschachtelhalm baut mit seiner Kieselsäure ein stabiles Bindegewebe auf. Das unterstützt die Gelenke, indem es für straffe Sehnen und Bänder sorgt. Brennnessel, Löwenzahn und Giersch regen den Stoffwechsel an und damit die Entgiftung des Körpers. Das kommt den Gelenken zugute, denn durch die chronische Entzündung kommt es zu Ablagerungen, die den Krankheitsprozess verstärken. Wichtig ist, dass der Hund viel trinkt. Das Trinkwasser wird attraktiver durch etwas Fleischbrühe oder einen Klecks Sahne. Auch die Hagebutte aktiviert den Stoffwechsel und stärkt gleichzeitig mit ihrem hohen Gehalt an Vitamin C das Immunsystem. Zusätzlich hat sie eine schmerz- und entzündungslindernde Wirkung im Bewegungsapparat.
Dieses Rezept kann durchgehend oder mehrmals jährlich als sechs- bis zehnwöchige Kur gegeben werden. Um die Schmerzlinderung zu optimieren, können Sie es mit Weidenrinde, Weihrauch oder Teufelskralle ergänzen.

Blasen- und Nierentee

Zutaten:

- **20 g getrockneter Ackerschachtelhalm**
- **20 g getrocknete Brennnessel**
- **20 g getrockneter Löwenzahn**
- **40 g getrocknete Birkenblätter**
- **10 g getrocknete Wacholderbeeren**

Zubereitung:

Die Wacholderbeeren mit einer Küchenrolle leicht anquetschen, dann mit den Kräutern mischen. Für einen Blasen- und Nierentee einen Esslöffel mit einer Tasse kochendem Wasser übergießen und abgedeckt auskühlen lassen. Von dem abgeseihten Tee bekommen Hunde je nach Größe ¼ bis 1 Tasse am Tag.

Wichtig: Um einen Blasen- und Nierentee für Katzen zu bereiten, lassen Sie die Wacholderbeeren weg.

Wirkung:

Den Schwerpunkt dieser Mischung bilden die Birkenblätter. Sie spülen die ableitenden Harnwege gründlich durch und haben eine entzündungshemmende Wirkung. Die Brennnessel entschlackt und entgiftet und regt zusammen mit der Birke den Harnfluss an. Harntreibend sind auch die jungen Löwenzahnblätter. Die entgiftende Wirkung unterstützt wunderbar die Nieren und reinigt das Blut. Die Wacholderbeeren schließlich haben einen starken harntreibenden Effekt, dabei desinfizieren die ätherischen Öle den Urin und lindern Entzündungen. Achten Sie darauf, dass Ihr Tier ausreichend Wasser zur Verfügung hat. Wegen des diuretischen Effekts muss es außerdem öfter Urin absetzen, daher eventuell zusätzliche Gassigänge einplanen. Diesen Tee wenden wir als sechswöchige Kur an.

Leber und Galle

Zutaten:

Zu gleichen Teilen

- **gemahlene Bockshornkleesamen**
- **getrocknete Schafgarbe**
- **getrocknete Löwenzahnblätter**

Zubereitung:

Alles pulverisieren und sorgfältig mischen. Je nach Größe bekommt der Hund ½ bis 2 Teelöffel pro Tag ins Futter.

Wirkung:

Wenn die Leber Unterstützung braucht, kann dieses Pulver als sehr wirksame Kur für drei bis vier Wochen zugefüttert werden. Der Löwenzahn hat eine positive Wirkung auf die Leber, regt die Bauchspeicheldrüsen- und Gallenproduktion an und verbessert die körpereigene Entgiftung. Bockshornkleesamen wirken im Verdauungstrakt entzündungshemmend und appetitanregend und bringen viele Antioxidantien mit. Und die Schafgarbe ist ein Allrounder im gesamten Verdauungsapparat, beginnend bei Magen über Leber und Galle bis hin zum Dickdarm.

Tipp: Um die Leberfunktion der Katze zu stärken, empfehle ich entsprechende Fertigpräparate aus dem Fachhandel.

Seniorentee

Zutaten:

Zu gleichen Teilen

- **Mariendistel**
- **Löwenzahn**
- **Giersch**
- **Schafgarbe**
- **Getrockneter Weißdorn**

Zubereitung:

Alle Kräuter mischen und für eine Tasse Seniorentee einen Teelöffel mit kochendem Wasser aufgießen und abgedeckt auskühlen lassen. Hunde bekommen den Tee mit den aufgeweichten Kräutern, sie dürfen bis zu 1 Tasse am Tag genießen, zum Beispiel ins Futter gemischt. Für Katzen seihen wir die Flüssigkeit ab und dosieren 1 bis 2 Teelöffel / Tag.

Wirkung:

Unsere Seniortiere brauchen Unterstützung für Herz und Kreislauf – und natürlich für die Entgiftungsorgane. Genau das liefert unser Rezept. Die Schafgarbe unterstützt alle Verdauungsorgane, beginnend bei Magen über Leber und Galle bis hin zum Dickdarm. Dabei wirkt sie appetitanregend und löst Blähungen und Verstopfung. Auch auf die Nieren hat sie einen belebenden Effekt und erfährt dabei Unterstützung durch Giersch und Löwenzahn. Die Mariendistel ist das Pflegemittel für die Leber schlechthin. Der Weißdorn stärkt das alternde Herz und gewährleistet damit eine gesunde Durchblutung der Organe und einen fitten Kreislauf.

Starke Nerven

Zutaten:

- 50 g getrocknete Baldrianwurzel
- 50 g getrocknete Hopfenzapfen
- 20 g getrocknete Lavendelblüten

Zubereitung:

Die Kräuter sorgfältig mischen und fein zerpulvern. Je nach Größe des Hundes 1 Teelöffel bis 1 Esslöffel über den Tag ins Futter geben. Für Katzen ist das Rezept nicht geeignet.

Wirkung:

Kaum etwas wirkt so wohltuend auf die Nerven wie die Kombination von Baldrian und Hopfen. Baldrian wirkt beruhigend und entkrampfend, indem er die Ausschüttung entspannender Hormone fördert und den Körper gleichzeitig daran hindert, diese Hormone zu schnell auszuscheiden. Regelmäßig gegeben verändert er somit den unruhigen Grundzustand des Hundes, so dass dieser weniger nervös, ängstlich oder reizbar reagiert. Hopfen hat eine direkt beruhigende und dämpfende Wirkung und kann so Hunden helfen, die zu Übersprungshandlungen neigen. Auch Lavendel hat eine zentraldämpfende Wirkung und wirkt entspannend und beruhigend.

Gesunde Verdauung

6-Kräuter-Mischung für eine gute Verdauung (nur für Hunde)

Zutaten:

Zu gleichen Teilen

- **Anis**
- **Fenchel**
- **Kamille**
- **Pfefferminze**
- **Löwenzahn**
- **Melisse**

Zubereitung:

Alle Kräuter fein zermahlen und mischen. Man kann über jede Futtergabe einen Teelöffel (bei großen Hunden einen Esslöffel) der Mischung streuen. Damit harmonisieren und stabilisieren wir die gesamten Verdauungsorgane.

Hustensirup für den Hund

Zutaten:

- **30 g Thymian**
- **20 g Sonnenhut**
- **20 g Anis**
- **20 g Fenchel**
- **30 g Salbei**

Zubereitung:

Alle Kräuter in einen Topf geben und mit einem halben Liter Wasser aufkochen und 20 Minuten köcheln lassen. Abgießen und den Kräuterrest dabei gut ausdrücken. Nun 400 g Zucker zufügen und solange köcheln lassen, bis sich der Zucker aufgelöst hat und die Flüssigkeit leicht sämig wird. In eine Flasche abfüllen und bei Beschwerden wie Husten, Schnupfen oder Erkältungen immer wieder einen Esslöffel voll über den Tag verteilt geben.

Wirkung:

Thymian fördert Auswurf und hat eine starke antibiotische Wirkung, er wirkt krampflindernd und schmerzstillend. Auch Fenchel und Anis lösen Schleim und fördern Auswurf. Gleichzeitig wirkt Salbei lindernd auf gereizte Schleimhäute. Der Sonnenhut stärkt das Immunsystem, auch gegen Viren.

Über die Autorin

Annette Dragun lebt und arbeitet als Tierheilpraktikerin und Autorin nahe Niebüll in Nordfriesland (Schleswig-Holstein). Schon seit 1999 behandelt sie Hunde, Katzen und Pferde mit verschiedenen Naturheilverfahren, unter anderem Phytotherapie, Homöopathie und Akupunktur, Bachblüten- und Organotherapie. Dabei ist ihre Faszination an den Möglichkeiten der alternativen Medizin ebenso groß wie ihre Empathie zu den vierbeinigen Patienten und "ihren" Menschen. Weiter entfernt wohnenden Tierhaltern bietet sie Therapiebegleitung an. Wenn sie nicht am Patienten arbeitet oder die eigenen Hunde verwöhnt, geht die frühere Journalistin ihrer zweiten Leidenschaft nach und schreibt für Blogs und Tiermagazine sowie Buchratgeber für Hunde- und Katzenhalter. Nicht zuletzt ist sie Fortbildungsdozentin für Tiertherapeuten und gibt Seminare und Webinare für Tierbesitzer. Mehr**: www.annette-dragun.de** &
www.tierheilpraxis-nordfriesland.de

Glossar

alternierend	abwechselnd
anaerobe Bakterien	Bakterien, die ohne Sauerstoff existieren können
Analgetika	schmerzhemmende Mittel
Antibiotika	gegen Bakterien wirksame Arzneimittel
Antiemetika	Arzneimittel gegen Erbrechen
antikanzerogen	wirksam gegen Krebs
antioxidativ	wirksam gegen freie Radikale
Antiparasitika	Arzneimittel gegen Parasiten
Antiphlogistika	Arzneimittel gegen Entzündungen
Antispasmolytika	Arzneimittel gegen Krämpfe
antitumoral	wirksam gegen Tumoren
antiviral	wirksam gegen Viren
Apathie	Teilnahmslosigkeit
Apoptose	programmierter Zelltod
Arthritis	Gelenkentzündung, akut
Arthrose	degenerative, chronische Gelenkerkrankung
ätherisch	flüchtig (gasförmig)
autoimmun	wenn sich das Immunsystem gegen körpereigene Strukturen richtet
BARF	Biologische artgerechte Roh-Fütterung
Chondroprotektiva	Knorpelschutzstoffe
chronisch	anhaltend, dauernd, sich langsam entwickelnd
degenerativ	durch Verschleiß bedingt, funktionsmindernd
Deklaration	Erklärung, Nennung
Dermatomykose	Hautpilz
detektieren	herausfinden
Diarrhö	Durchfall
disponiert	veranlagt für bestimmte Krankheiten
diuretisch	harntreibend
Droge	pflanzlicher, tierischer oder mineralischer Rohstoff für Heilmittel, Stimulanzien oder Gewürze
Ektoparasiten	Hautparasiten
eliminieren	entfernen, ausschalten, beseitigen
endokrin	das Hormonsystem betreffend
Endoparasiten	Parasiten im Körperinneren, z.B. Darm, Lunge
evidenzbasiert	wissenschaftlichen Erkenntnissen folgend
Exsudat	Entzündungsflüssigkeit
fungistatisch	Pilzwachstum hemmend
Gastritis	Magenentzündung
Geriatrie	Altersmedizin

Herbizide	chemische Unkrautvernichter
Hypertrophie	übermäßiges Wachstum
idiopathisch	unbekannter Ursache
Immunbooster	das Immunsystem anregend
immunmodulierend	das Immunsystem regulierend
insuffizient	ungenügend
integrativ	einschließend
Intoxikation	Vergiftung
Klistier	Einlauf über den Darm mit einem Quetschbeutel
Kognition	mentale Fähigkeiten wie Wahrnehmung, Lernen, Erinnern, Denken und Wissen
Kognitives Dysfunktionssyndrom	senile Demenz
Komplementärmedizin	ergänzende Medizin
Komplexhomöopathie	Behandlung mit homöopathischen Mischungen
Konjunktivitis	Bindehautentzündung
Lactatio falsa	Scheinschwangerschaft
Lethargie	Gleichgültigkeit, mangelnde Erregbarkeit
Mastitis	Milchdrüsenentzündung
Metastasierung	Absiedelung von Tochtertumoren (Krebs)
Mikrobiom	Gesamtheit aller Mikroorganismen
Mikrotrauma	minimale Verletzung
Mykotherapie	Pilzheilkunde
Nymphomanie	hormonell bedingte Hypersexualität
Obstipation	Verstopfung
Onkologie	Krebsheilkunde
Pankreas	Bauchspeicheldrüse
pathologisch	krankhaft
Peristaltik	Muskeltätigkeit von Hohlorganen, z.B. Darm, Harnleiter
Pestizide	chemische Pflanzenschutzmittel
physiologisch	gesund, natürlich
Physiotherapie	körperliche, manuelle Behandlungsformen
physisch	körperlich
Phytobiotika	Pflanzenstoffe zur Abwehr von Bakterien
Phytopharmaka	pflanzliche Arzneimittel
Phytotherapie	Pflanzenheilkunde
Prävention	Vorbeugung, Vorsorge
Prophylaxe	Vorbeugung, medizinisch
Prostatitis	Entzündung der männlichen Vorsteherdrüse
psychisch	geistig

Glossar

Pyometra	eitrige Gebärmutterentzündung
Regeneration	Wiederherstellung
Repellent	abwehrender Stoff
Resistenz	Widerstandsfähigkeit
Rezidiv	Rückfall, Wiederauftreten einer Krankheit
Rhinitis	Schnupfen
Schleimhautflora	Gesamtheit der Bakterien auf einer Schleimhaut
Sekundärinfektion	Zweitinfektion durch andere Krankheitserreger
Sepsis	Blutvergiftung
Sinusitis	Nasennebenhöhlenentzündung
Smegma	Vorhauttalg
standardisiert	vereinheitlicht, genormt
Stressadaption	Fähigkeit zur Anpassung an Stresssituationen
symptomatisch	Krankheitszeichen betreffend
synthetisch	chemische Elementverbindung, Stoffnachbau
TCM	Traditionelle Chinesische Medizin
Toxine	Giftstoffe
Trauma	Verletzung
Vektor	Transporter als Krankheits- bzw. Erregerüberträger
virustatisch	Virenvermehrung hemmend
Zölibat	Versprechen der Ehelosigkeit im Christentum

Fotoquellen

Privat, Adobe Stock – in alphabetischer Reihenfolge:

B.A.R.F.-Bibel

Ein medizinischer Ratgeber

Schluss mit den Halbwahrheiten! Auf dem Markt sind viele Bücher zum Thema BARFen erhältlich, die von begeisterten Laien geschrieben wurden. Dies ist eines der ersten Bücher auf dem Markt, das das Thema BARFen ausschließlich auf der Basis von gesicherten veterinärmedizinischen Kenntnissen erklärt. So wird eine größtmögliche Sicherheit geboten, den Hund optimal zu ernähren.
„B.A.R.F." steht für eine Ernährungsweise, die zum Ziel hat, Hunde ausschließlich mit frischen und rohen Lebensmitteln zu ernähren. Die Zahl der Hundebesitzer die diesem Konzept folgen, wächst rasant. Doch es ist keineswegs einfach, den Hund bedarfsgerecht zu ernähren. Studien haben gezeigt, dass 75 % aller selbst zusammengestellten B.A.R.F.-Rationen unausgewogen sind.
Veterinärmedizinerin Dr. med. vet. Katja Sauer gibt mit diesem Buch nun endlich eine medizinisch fundierte Anleitung zur Berechnung der Rationen. Ziel dieses Ratgebers ist es, Schluss mit gefährlichem Halbwissen zu machen und dafür wissenschaftlich gesicherte Informationen zu liefern. Hierbei gibt die Autorin auch konkrete Fütterungspläne zum BARFen von jungen Hunden, Senioren und chronisch kranken Hunden.
Mit vielen farbigen Abbildungen, Tabellen, Ernährungsplänen und Literaturtipps. 2. aktualisierte und erweiterte Auflage.

Softcover, 92 Seiten,
ISBN: 978-3-9815634-1-2
von Dr. med. vet. Katja Sauer
14,80 €

Wie schaffe ich es, dass mein Hund mir blind vertraut? Ohne Leine überall hin folgt? Stets abrufbar und treu an meiner Seite steht? Kurz: Wie werde ich mit meinem Hund zum Dream-Team?

Cris Bilinski hat in über 45 Jahren als Hundetrainerin hautnah erlebt, wie wir uns und unserem Hund durch kleine Alltagsfehler große Probleme schaffen. Und sie hat praktische und klare Lösungen an der Hand, die funktionieren. Mit Herz und Sachverstand erzählt sie von 15 Hundeschicksalen, und mit jeder Geschichte entwickeln wir mehr Sachverstand und werden für unseren Hund zu einem besseren Menschen.

Softcover, 84 Seiten, Farbig mit Illustrationen., Handliches Format
ISBN 978-3-9815634-9-8
8,99 €

Hunde tapen

Das Arbeitsbuch
von Alina Nierhaus

12 verschiedene Anlagen -
12 verschiedene Ziele.

Den eigenen Hund therapieren? Behandlungen unterstützen? Sogar Schmerzen nehmen? Hier ist die Lösung: kinesiologische Tapes. Bei Krankheiten des Bewegungsapparates kann jeder mit dem richtigen Taping kräftig zur Heilung beitragen. Taping ist eine einfache und sichere Methode, die jeder Hundemensch zu Hause durchführen kann. Das vielfältige Einsatzgebiet spricht für sich.

Heute wenden 80% der Physiotherapiepraxen Medical-Taping an. Aufgrund ihrer einfachen Handhabung und ihrer herausragenden Wirkung sind Tapes bei Menschen und Hunden sehr beliebt. Die Nachfrage nach Kursen steigt. Erfahren Sie jetzt, wie Sie Ihrem Vierbeiner im Alltag selbst helfen können.

Softcover, 44 Seiten, Farbig mit Bildern.
ISBN 978-3-9815634-8-1
9,80 €

Berner Sennenhunde

Verstehen | Erziehen | Führen

Fühlt sich ein Berner verstanden, ist der Rest der Erziehung sein Geschenk an uns.
Ein Berner ist mehr als ein Hund. Er gehört zu den sogenannten Urhunden.
Was das genau heißt? Dieser flauschig-weiche Hund ist der geborene Lügen-Detektor. Ja, er kennt uns besser, als wir uns selbst! Zudem ist er kompromisslos ehrlich. Deshalb scheint seine Erziehung anders, als bei anderen Hunden. Sie können uns glauben, einen Berner zu erziehen ist ganz leicht. Aber warum gelingt es dem einen so spielend, und dem anderen so gar nicht? In diesem Buch kommen viele Experten zu Wort, die diese Geheimnisse lüften und Sie in die Berner-Welt einweihen.
Eins vorab: Mit normalen Trainingsmethoden werden Sie bei einem Berner nicht weit kommen. Dieser Hund hat Seele. Er möchte unbedingt verstanden werden und ja, er will auch verstehen! Dazu trägt er den Willen, den Mut, die Kraft und die Güte in sich, seinem Menschen ein echter Partner zu werden.
Wir zeigen Ihnen, wie Sie die Brücke zu seinem Herzen finden und aufbauen. Und dann? Folgt er Ihnen auch ohne Leine überall hin.
Unser Kraftpaket mag so robust erscheinen, aber auch er hat seine Empfindlichkeiten. Berners Schwäche? Die Achillesfersen. Erfahren Sie von einer Hundephysiotherapeutin, wo sie sitzen, wie Sie diese erkennen und warum ein Berner Kraftsport braucht. Damit Ihr flauschiger Riese bis ins hohe Alter stark, entspannt und beweglich bleibt, haben wir für Zuhause das exklusive Berner-Wohlfühl-Training.
Mit diesem Buch lernen Sie, Ihren Berner zu verstehen. Werden Sie gemeinsam immer sicherer. Denn je sicherer Sie sich fühlen, desto mehr entwickeln Sie sich zu dem, was sich jeder Berner wünscht: zu seinem sicheren Hafen!
Gemeinsam mit uns werden Sie ein eingespieltes Team!

Softcover, 132 Seiten. Farbig mit Bildern.
ISBN 978-3-9815634-7-4
15,80 €

Auch erhältlich:

- Bookazine zu verschiedene Themen und Hunderassen.
- Verhaltenstherapie CDs u.v.m.

Erhältlich unter www.minervastore.de oder im Buchhandel.

Digitale Versionen nur exklusiv bei uns.

Eine Auswahl aus unserem Programm

Magazine im Minerva Verlag

Wir möchten, dass jeder Mensch die bestmögliche Beziehung zu seinem Hund erreicht. Wir stehen an der Seite unserer LeserInnen, damit diese den Weg finden, der für sie und ihren Hund der Beste ist. Seit über 100 Jahren begleitet die HundeWelt Hundehalter aller Erfahrungsstufen durch die aufregende - und anregende - Zeit mit Hund.

Das Magazin erscheint monatlich.

Infos + Abonnements:
www.hunde-welt.de

Hundesport ist ein Weg mit ganz vielen und stets neuen Herausforderungen. Genau deshalb macht es Spaß, denn man muss ständig neue Lösungen und Wege finden. Die Zeiten des gebrüllten Kommandos und dann läuft es schon, sind lange vorbei. Besser man lernt von erfahrenen und bewährten Profis, die zeigen, wie man Herausforderungen meistert.

Alle 2 Monate neu.

Infos + Abonnements:
www.hundewelt-sport.de

Viele Menschen glauben, dass eine Hundegeburt kein Problem ist. Deshalb reagieren sie kopflos und überfordert, wenn die Hündin in Not gerät und ihren Menschen am meisten braucht. Und das ist– je nach Rasse – bei jeder zweiten Geburt der Fall. BreederSpecial - das Magazin für (Hobby-) Züchter hilft weiter.

Alle 2 Monate neu.

Infos + Abonnements:
www.breederspecial.de

Auch erhältlich:
Dog´s Avenue - das Premium-Magazin für die Frau mit Hund.

Alle 2 Monate neu.
Infos + Abonnements:
www.dogs-avenue.com

Katzen verstehen es ausgezeichnet, auf sich selbst aufzupassen und - manchmal mit lautstarkem Protest - Missstände und Unbehagen anzuzeigen, auf dass der Mensch schnellstmöglich Abhilfe schaffen sollte. Und hier kommt OUR CATS ins Spiel - das etwas andere Katzenmagazin ...

Das Magazin erscheint monatlich.

Infos + Abonnements:
www.our-cats.de